行銷攻略系列

─體驗時代的行銷革命

駱少康　黃榮華　張艷芳　著

國家圖書館出版品預行編目(CIP)資料

體驗時代的行銷革命 / 駱少康，張艷芳，黃榮華編著. -- 第一版.
-- 臺北市 : 崧燁文化, 2018.04

　　面 ；　　公分

ISBN 978-957-9339-99-5(平裝)

1.行銷管理 2.行銷策略

496　　107006869

編著：駱少康、張艷芳、黃榮華

發行人：黃振庭

出版者：崧燁出版事業有限公司

發行者：崧燁文化事業有限公司

E-mail：sonbookservice@gmail.com

粉絲頁　　　　　　網址:http://sonbook.net

地址：台北市中正區重慶南路一段六十一號八樓815室

8F.-815, No.61, Sec. 1, Chongqing S. Rd., Zhongzheng
Dist., Taipei City 100, Taiwan (R.O.C.)

電　話：(02)2370-3310 傳　真：(02) 2370-3210

總經銷：紅螞蟻圖書有限公司

地址：台北市內湖區舊宗路二段 121 巷 19 號

電話:02-2795-3656　　傳真:02-2795-4100　 網址：

印　刷：京峯彩色印刷有限公司（京峰數位）

定價：299 元

發行日期：2018 年 4 月第一版

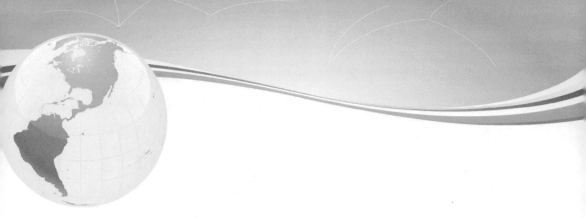

推薦序　黃俊英

近年來社會上普遍討論台灣產業的未來該何去何從。這樣的議題其實不是今天才發生，而是一直不斷被國人檢討卻始得不到共識的問題。記得 70 年代，我們喊著「日本能，我們為何不能？」，努力要學習日本產業的發展模式與企業經營的哲學。然而，數十年過去了，我們還是沒有找到答案，只是問題換成了「韓國能，我們為何不能？」。幾十年來，到底韓國與日本作對了甚麼，而我們又作錯了甚麼？

答案可能就在於台灣許多企業習慣將眼光放在短期的利益，而不是將心力投入於產品研發及品牌行銷工作。以代工為主的產業結構，毛利通常十分微薄，當台灣內部的工資與營運成本上漲時，企業就被迫要移往中國大陸或東南亞等成本較低的地區，否則無法生存。而韓國大型企業多年來則積極投入於國際品牌的發展，從重工、電子產品、網路遊戲，甚至是演藝與文創產業，都可以看到他們的成功表現，例如汽車業的 Hyundai，還是 3C 產品的 SAMSUNG，或是娛樂事業的 Rain、少女時代，以及賺人熱淚的韓劇，而這些品牌都不是選擇以低價作為市場競爭的武器，反而是透過行銷來創造品牌及產品的價值，如此，不但將市場擴及到亞洲甚至是全球，更因價格與毛利的提升，使得品牌與產品的價值升級，讓整體產業鏈利益增加，產業因此無須外移且帶動勞動薪資之加值。

　　台灣其實並不缺乏創新與研發能力。當 APPLE 在 2007 年發表了第一支風靡全球的 iPhone 時，台灣菜籃族人手一隻的股票機，早在十多年前就已經具備了智慧型手機的雛形。台灣廠商真正缺乏的很可能是行銷的能力。

　　個人從事行銷教育及研究工作數十年，欣見台灣許多年輕菁英對於行銷知識與實務工作的積極投入，已使台灣產業的行銷實力見到了曙光。本系列叢書是由台灣新一代甚具潛力的行銷學者駱少康教授、具有豐富兩岸行銷實務經驗的黃榮華顧問，以及熟悉兩岸廣告操作的盧慶聲先生，與大陸西南財經大學出版社所推薦的李敬、謝強等教授共同合作，規劃撰寫適合兩岸四地行銷實務的書籍，分體驗行銷、病毒行銷、品牌行銷、情感行銷、服務行銷、危機行銷、關係行銷、價值行銷及通路行銷等類別撰成獨立專書。這一系列叢書用深入淺出的方式介紹紮實的行銷理論，並且邀請了熟悉大陸地區的行銷專家與學者共同參與，使得本書的內容能融合兩岸四地不同的企業文化與個案，除了可讓有志從事行銷工作者體會到實務操作的過程，更可以透過此一系列叢書提早了解不同地區在行銷工作上的異同。

　　本書值得推薦給有意學習行銷者作為自練武功的秘笈，也適合作為企業內部教育的行銷教材，也建議大學商管領域相關課程列為行銷知識學習的一套教材。

黃俊英

國立中山大學管理學院榮譽講座教授

推薦序　吳澄瑛

跟我一齊在出書中的孩子們

少康與榮華，是我在明新科技大學的第二屆學生，還是同班同學。當年的明新科大，還稱為"明新工專"，算是五專中的第三個志願。在新竹當地，就算是第一個志願了。多年以後，學生們告訴我，當年只要到新竹市區，櫃姊ㄚ西施阿，只要一聽是明新工專，馬上便宜一半，因為基本上，全部都是台北來的帥哥。

這些當年的小帥哥，因為成績好，上基礎共同科就沒甚麼人真的在聽課了。所以，當年站在講台上的，不論名校畢業與否，是相當艱辛的歷程。我記得沒錯的話，少康當年算是很乖的，後來聽說少康考取了台北大學，一直讀到了行銷博士，甚至在文化大學當教授了。這時候，當老師的，真是最最光榮的時刻。榮華更是不遑多讓，邊工作邊讀到研究所畢業，也曾在多所大學兼課，到處演講，現在聽說已經是台灣電子書協會理事·也在兩岸出版業界具有相當

知名度　遙想起當年在明大校園文藝青年的模樣，同學們上課一起捉弄老實的老師們的樣子，想來令人忍俊不禁。我自己也在兩年前從明新科大退休完畢，投入退休生涯之前，一直有未了心願，就是把自己最後十年的教書筆記付梓。正愁不知找哪個出版社好的時候，榮華以其在出版界多年的實力，開始幫我一手籌畫安排出版事宜，短短五個月，真的出版，也在博客來網路書局蟬連數周的銷售冠軍　著實令人佩服。不但如此，榮華甚至開始擔任小犬的生活顧問，點點滴滴，照顧入裏。指點我的小孩人生的方向，及人生中真正值得思考的議題。

本人在榮華身上，看到了年輕人的"不愛財"的特色。殊屬難能可貴。兩個當年的大帥哥大孩子，現在也都各自找到幸福，過著令人羨慕的夫妻生活，人生至此，夫復何求。

今天這兩個當年的同窗，一起出了行銷的書，找到遠在竹北的我，幫他們寫序。除了有辦法遙想當年依稀的一些校園回憶以外，老實說，一個退休的人，甚麼也不太想得起來了。以這兩個"孩子"當年傑出的成績來說，相信他們兩個一齊用功寫出來的書，一定可以嘉惠學子，傳承學脈，特此推薦。

吳澄瑛　於竹北

本人著有
克萊兒說英文文法
外場教授
克萊兒英文單字簿

作者序

體驗行銷是伴隨著體驗經濟而來的,體驗經濟的到來催生了體驗行銷。所以說,體驗行銷是體驗經濟時代的行銷革命。

傳統經濟主要注重產品本身的功能強大、外形美觀、價格優勢,藉由產品的吸引力來獲取經濟利益:體驗經濟則是從生活與情境出發,塑造感官體驗及思維認同,以此抓住消費者的注意力。

隨著體驗經濟的到來,生產及消費行為發生了如下變化:

(1) 以體驗為基礎,開發新產品、新活動;

(2) 強調與消費者的溝通,並觸動其內在的情感和情緒;

(3) 以創造體驗吸引消費者,並增加產品的附加價值;

(4) 以建立品牌、商標、標語及整體意象塑造等方式，取得消費者的認同感。

這些變化呼喚著體驗行銷，體驗行銷應運而生。那麼什麼是體驗行銷呢？

Bernd Schmitt 在他所寫的《體驗行銷》(Experiential Marketing: How to Get Customers to Sense, Feel, Think, Act and Relate to your Company and Brand) 一書中指出，體驗行銷就是站在消費者的感官、情感、思考、行動、關聯五個方面，重新定義、設計行銷的思考方式。

體驗行銷已經滲透到我們生活的各方面。

麥當勞裏的食譜本身對顧客而言固然存有吸引力，但是，顧客之所以喜歡去麥當勞，主要是因為那兒整潔明快的擺設、快捷的服務以及小孩們所喜好的各種娛樂活動。簡而言之，顧客真正的需要的是消費體驗。

體驗式行銷的理念新穎而有現實意義。許多跨國公司在開拓華人市場的過程中已經在運用和實施體驗式行銷策略，並取得了很大的成功。Häagen-Dazs、王品集團、NIKE、可口可樂和百事可樂等公司所運用的體驗行銷策略，對市場形成了很強的穿透力。

　　體驗行銷正以強大的勢頭發展著，也必將成為一種強有力的行銷方式。我們應該適應市場的變化，充分掌握體驗行銷這種方式，引領行銷新潮流。只有那些順應了時代潮流的商家，才能真正吸引顧客，並且在新經濟中勝出。

駱少康　黃榮華　張艷芳

目　錄

推薦序　黃俊英

推薦序　吳澄瑛

作者序

第一篇　設定體驗行銷策略

第一章　界定體驗行銷

第二篇　精心設計顧客體驗

第六章　體驗行銷的設計流程

第七章　體驗行銷設計策略

第三篇　體驗行銷策略

第十六章　　服務體驗策略

第十七章　　品牌體驗策略

第十八章　　店鋪體驗策略

第四篇　顧客體驗管理

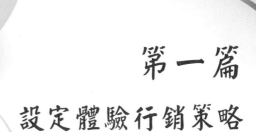

第一篇
設定體驗行銷策略

第 **1** 章

界定體驗行銷

體驗行銷之目的：創造有價值的顧客體驗。也就是說，行銷之目的除了盈利，更應該為顧客帶來有價值的體驗。到底什麼是體驗行銷？

所謂體驗行銷，就是企業以服務為舞臺，以商品為道具，圍繞著消費者創造出值得回憶的活動。

第一節　體驗行銷的市場

體驗行銷的市場是一定比例具有經濟實力的消費者。體驗經濟的特徵是社會物質產品高度發展，人們的需要日益多樣化、個性化，並且日益追求精神、情感方面的滿足。例如賓士車代表的是尊貴的象徵，訂做西服代表的是品味的非凡，對於那些剛剛滿足溫飽或者勉強達到小康水準的地區來說，體驗行銷實施的外部條件就不夠充分。

當人們衣不蔽體、食不充饑的時候，不可能花百餘元台幣去品嘗一杯星巴克咖啡，能喝上一杯 85 度 C 或小七咖啡就很滿足了。也不可能花上三千元台幣去買一雙 NIKE 球鞋，他的每一件衣服，每一片麵包都僅僅是為了生存，根本沒有時間與心情來欣賞和體驗。但是對於具有一定經濟程度的消費者來說，情況卻完全相反。當人們達到了一定的生活品質後，在消費生活上會追求更高層次的慾望，希望除了物質的滿足外，在精神或心靈上也能夠更豐富或刺激。這可能是感官上的體驗，對於視覺或文化修養上的提升，或是對於生活的想像、感想或價值認同等。他們對產品的要求，將不止於功能上的滿足，產品或品牌能否超越產品功能帶給他們種種感官、情緒或價值上的滿足，將變得越來越重要。簡單地說，商品不單要有"功能"上的效益，還要有"體驗"或"情感"上的效益。當然，消費者也願意付更多的金錢來換取這些額外的"體驗"滿足，因爲他們用錢換來了快樂。這是物質豐富後的人性本能反應。所以奢侈品的消費，重點就在於消費者的體驗，賓士車是如此，鉑金包更是如此，強調的不是功能性而是其他情感上及視覺上的滿足。

我們可以預測，隨著大中華地區經濟的騰飛，體驗經濟所占比例將不斷增大，體驗行銷的應用範圍也將越來越廣，體驗行銷的主體也將不斷擴大。

第二節　體驗行銷的方式

體驗是複雜的又是多種多樣的，但可以分成不同的形式，且都有自己所固有而又獨特的結構和過程。這些體驗形式是經由特定的體驗媒介所創造出來的，能到達有效的行銷目的。下面將介紹五種不同的方式。

1. 感官

感官行銷的訴求目標是創造人們五感的體驗，它經由視覺、聽覺、觸覺、味覺與嗅覺來感受。感官行銷可區分爲公司與產品的識別、引發顧客購買動機與增加產品的附加價值等。

微型案例　　**中國信託的咖啡分行**

　　中國信託在台灣新北市新店區的北新店分行，是一間與星巴克合設的「咖啡分行」，走進咖啡分行，有別於傳統的冰冷理財櫃臺，消費者視覺所見得是如同咖啡廳般的沙發椅、圓形木桌、藝術品展示，聽覺所感受到的是柔和輕鬆的爵士音樂，嗅覺所聞到的是空氣中所瀰漫的星巴克咖啡香氣，當然，消費者也可以點杯咖啡，一邊接受金融服務一邊體驗著味覺的享受。

2. 情感

　　情感行銷訴求的是顧客內在的感情與情緒，目標是創造情感體驗，其範圍可以是由一個溫和、柔情的正面心情，到歡樂、自豪甚至是熱情奔放的激動情緒。感官的刺激只是初步，最重要的是藉由對感官的刺激，激發人們內在的情緒，挑動起他們的情感，比如愉快、幸福等等。

微型案例　　**情感行銷提升銷量**

　　台灣一家電腦量販店在某年母親節來臨之際，開展了"電腦賀卡表心意"的體驗行銷活動，免費提供電腦、印表機和可將各種文字圖案組合的軟體，讓消費者自己製作賀卡。消費者踴躍參加，盡情發揮創意，繪製出許多飽含深情的賀卡，滿足了感激慈母恩的情感需求。透過情感與量飯店品牌的連結，使得消費者對於該店產生了正向的品牌態度與品牌形象，對於未來的電腦銷售量有潛在的影響。

3. 思考

　　思考行銷訴求的是鼓勵顧客從事較費心與較具創造性的思考，促使他們對品牌與產品重新進行評估。也就是希望藉由引導與鼓勵消費者對產品或品牌目前所作所為的思考程序，讓消費者體會到企業與品牌的獨特性、差異性，甚至為消費者及產業所帶來的典範轉移。

4. 行動

行動行銷的目標是影響身體的有形體驗、生活形態與互動。行動行銷藉由創造長時期的行為模式與身體的體驗，來影響或改變消費者的生活形態或作業方式與生活。而顧客的改變是可以是由外界行銷作為所直接激發，或是因外界而誘使內部自發改變。

微型案例

行動行銷的經典——NIKE

NIKE 每年在全球銷售逾 1.6 億雙鞋子。在美國，幾乎每銷售兩雙鞋中就有一雙是 NIKE。該品牌成功的主要原因之一，是其以 Just Do It 的口號，傳遞了生活與處世的態度，試圖藉由對於品牌形象的認同來影響人們的行動。

5. 關聯

關聯行銷包含感官、情感、思考與行動行銷等層面。關聯行銷超越私人感情、人格、個性，加上個人體驗，而且與個人對理想自我、他人或是文化產生關聯。關聯活動的訴求是自我改進的個人渴望，要別人對自己產生好感。讓人和一個較廣泛的社會系統（一種次文化、一個群體等）產生關聯，從而建立個人對某種品牌的偏好，同時讓使用該品牌的人們進而形成一個群體。

微型案例　哈雷機車

　　美國哈雷機車（Harley-Davidson）藉由對熱情、自由、狂熱等獨特品牌個性的登峰造極的演繹，讓哈雷機車成為了一種精神象徵、一種品牌文化。而以此精神與文化為核心的哈雷俱樂部（Harley-Davidson Club）也讓所有車主凝聚在一起。

　　體驗行銷的寶貴之處就在於它不是將商品概念強加給消費者，而是藉由引導消費者去思考、去行動，從中體會到追求自由以及個性的快樂，從而接受這個品牌。

6. 混合體驗行銷和完整體驗行銷

　　體驗行銷的核心思想是為顧客提供各式各樣的體驗。每種體驗都有自己獨特的結構和行銷原理。體驗提供者可以提供不只一種的體驗，最終目的是要為顧客創造完美體驗。很多企業運用融合幾種體驗的混合體驗行銷來擴大產品的影響，我們更鼓勵行銷人員應該在策略上努力創造全面性的完整體驗行銷，也即是同時包括了感覺、情感、思考、行動和關聯五項特性。

第三節　體驗行銷的特徵

　　體驗行銷無處不在，追求體驗浪潮是很多企業正在思考的問題，也是決定企業在資訊化的今天獲取核心競爭力的關鍵所在。企業在開展體驗行銷之前，首先應該對體驗行銷的特徵有所認識。體驗行銷有哪些特徵呢？它跟傳統一般的行銷有什麼不同嗎？

一、體驗行銷與傳統行銷的區別

(1) **傳統意義上的行銷**：認為顧客非常理智，顧客的決策是一個解決問題的過程，選擇、比較、認定而後決定購買。注重消費者的標準化和訂製化需求，強調商品特色和消費者利益。

(2) **體驗行銷**：除了關注產品本身的特色、分類和在競爭中的定位，更關注顧客的感受、情感與情緒，注重研究顧客在消費時的體驗，注重消費者的個人化需求，強調消費者的"情感共鳴"。

我們把二者的區別製成表格，如下表 1.1 所示：

表 1.1　傳統行銷與體驗行銷的區別

	傳統行銷	體驗行銷
區別	注重產品的特色和消費者利益	關心顧客買東西的體驗及過程
	把消費者看成是理性決策者	消費者是理性和感性相結合的決策者
	側重物超所值和產品的功能性	在客觀性能的基礎上，產品的外觀、形狀、款式、體積、色彩、消費環境營造等都在考慮之列
	採用分析、比較、定量、評價語言資訊的方法	使用的方法比較折衷

二、體驗行銷的特徵

體驗行銷的特徵更能鮮明地說明體驗行銷與傳統行銷的不同之處。體驗行銷主要有以下幾個特徵。

特徵一：消費者主動參與。消費者的主動參與是體驗行銷的根本所在，這是區別傳統行銷的最顯著的特徵。

特徵二：消費者體驗個性化。眾所周知，當今的休閒時代，精神追求個性化，審美趨向多樣化，價值訴求多元化，形形色色的消費者，能在同一個體驗情景中求得共鳴嗎？因此，個性化就被列入了行銷人員的工作項目。

微型案例　顏色表徵個性

針對追求個性、講究品位的消費者，BenQ 在幾年前推出桌上型電腦時，將各電腦顏色賦予個性化的內涵：藍色，象徵浪漫、幽遠；銀色，象徵高雅、寧靜；粉色，象征溫馨、可愛；綠色象徵朝氣、生機。這正是 BenQ 在桌上型電腦體驗中心嘗試擺脫商品化夢魘，賦予消費者個性化體驗的體現。後來的蘋果 I Pod 出了多款顏色的款式目的也是希望在 MP3 競爭激烈的市場吸引消費者的目光，而華碩最近賣得很好的 Nexus 7 也出品了專屬多種顏色的保護套，目的也是希望在競爭激烈的平版市場取得一席之地，而 hTC 之前的成功也在於推出機海戰術，營照個性化的智慧型手機。

特徵三：消費者是理性和感性的結合體。對於一個體驗行銷者來說，顧客既是理性的又是感性的。正如 Bernd Schmitt 所指出："體驗式行銷人員應該明白：顧客同時受感情和理性的支配。也即是說，顧客因為理智和因為衝動所做出購買的機率會是一樣的。" 這也是體驗式行銷的基本出發點。

因此在中間偏高價位的產品不斷強調分期付款或刷卡服務都是減低消費者理智的行銷手法。

特徵四：方法和工具都比較折衷。傳統行銷方法和工具是屬於作市場分析、用銷售量衡量，而且用於處理語言資訊的方法和工具。體驗行銷者採用的方法和工具比較多變而且多元化。也就是說，體驗行銷不會局限於單一的方法，而會儘量採用看起來能夠奏效的方法。

體驗行銷的四個特徵決定了它與傳統行銷的明顯區別，也讓它成為了一種更加適應潮流的行銷方法。

第四節　體驗行銷的構成要素

體驗行銷主要發生在消費終端，體驗過程是消費者借助外在的東西實施的。那麼，體驗過程中需要哪些要素呢？

一、設施

顧客的第一印象是由設施環境形成的。當顧客對企業不熟悉時，設施可以幫助顧客獲得對企業的大體印象。設施的設計，同樣會影響身處其中的員工和顧客的互動過程。設施包括設施背景、設施風格、設施配置以及設施所渲染的情調。

值得注意的是，設施的營造並不一定需要付出高昂的代價。其實，生活中這樣的例子很多：大賣場飄出的麵包香味；銀行為等候服務的消費者準備了茶水和點心；大型購物商場設置兒童遊戲空間與男士休息的場所等。而台灣目前各大百貨賣場則將餐飲的元素大量加入賣場的重要設施中。

現在的商家越來越意識到設施在行銷競爭中的重要作用，因此，各式各樣營造浪漫、樂趣的設施不斷湧現。據調查，精心營造設施的企業，能夠使銷售額上升 10%~30%。

二、產品

產品是體驗行銷中的關鍵要素。企業向顧客提供的產品不僅要滿足其需求，更要給其提供一種愉悅的體驗。如何藉由產品創造體驗呢？企業可以突出產品的任何一種感官特徵，創造出一種感官體驗。

微型案例　情感產品

生活中這樣的例子也很多，有些食品包裝袋將邊緣部分做成齒狀，便於顧客撕開；一些化妝品品牌特別銷售迷你型套裝，很受外出旅遊或者出差的女性顧客歡迎；奧運期間，各種與奧運有關的產品非常暢銷，因為它為熱愛運動、熱愛奧運的人們提供了一種情感體驗。

三、服務

相對於有形產品而言，服務更加隱性。就如同舞臺表演一樣，觀眾看到的是舞臺上光彩耀眼的明星，而後臺那些為此所進行的各式各樣的服務卻不為觀眾所知。如何讓顧客感知或體驗到這些服務，也是體驗行銷成功與否的關鍵。中國信託的 "We are family" 服務承諾，讓更多的顧客記住了它。希爾頓與假日酒店透過資訊系統建立顧客關係管理，飯店對其常客的期望與偏好進行編輯和整理，儲存有信用卡資料、飲食偏好以及其他特殊需求的資訊，當一個顧客到連鎖體系下的任何一家飯店登記住宿時，飯店不用詢問就可提供能夠滿足其偏好的服務。這些企業都把無形的服務有形化，讓顧客切身體會到服務的周到。

一項研究成果顯示，企業可以藉由以下五個條件的提升來獲取消費者對於服務品質的感受與體驗，包括可靠度、反應性、確信度、同理心、有形性。如表 1.2 所示：

🌐 **表 1.2　服務品質條件**

服務品質條件	具體表現
可靠度	可靠與精確地提供服務的能力
反應性	協助顧客與迅速讓顧客感受到服務的意願
確信度	員工的知識與對顧客的殷勤，以及他們能夠傳達令顧客信任與信賴感的能力
同理心	能夠照顧關懷與重視個別的顧客
有形性	實體設施、設備、人員及溝通內容的具體呈現

四、互動過程

體驗行銷的關鍵在於參與，互動過程就意味著顧客充分利用設施、產品、服務與企業進行溝通。體驗過程是顧客與企業相互作用的過程，企業必須對這個過程進行周密的計畫。我們來看一下在教育這樣嚴肅的事情上，遊樂園是怎樣為孩子們提供體驗的。

微型案例　互動體驗教育

在美國加州一個占地 28 000 平方米的遊樂園裏，為 10 歲及以下的小孩提供了一種教育體驗，即藉由購買門票請他們參加有助於智力開發的自發性的遊戲。孩子們在叢林花園和沙地裏挖掘，以尋找化石、人類遺跡，甚至包括整副的恐龍骨骼。他們還可以自己在互動式的廚房裏準備食物。還能爬岩石和樓梯，玩各式各樣需要技巧的遊戲。每個遊戲場所都能提供多種學習體驗。

體驗行銷的四個要素共同營造了體驗。但是，在不同的體驗互動過程中，這四種要素發揮的作用也不同，應視產品、服務和行業而異。

第五節　案例分析：星巴克致力於體驗氛圍營造

一杯星巴克咖啡比其他咖啡貴三倍，憑什麼？

你完全可以購買上等的咖啡，在家裏盡情地享受，為什麼還有那麼多人光顧星巴克呢？

去過的人都知道，在星巴克喝咖啡和其他地方是完全不一樣的！什麼不一樣？當然就是感覺。星巴克能夠提供給顧客完全不同的氛圍，這種體驗才是星巴克多年來一直致力於營造的。

星巴克的店面經常坐落在三角窗或至少是臨街的店面、一定是大片的玻璃落地窗，營造舒適寬敞的空間感受。家具採淺木紋色調，配合了該品牌的綠色系，讓消費者覺得舒服、放鬆；深色大理石櫃檯看上去工藝精巧，給人留下了深刻的印象；玻璃櫃、現代感的燈飾無不給人一種身處時尚的感覺；加上壁面掛著具有特殊氣息的畫飾、空氣中瀰漫的咖啡香味、爵士音樂，都在傳遞著人文、品味與藝術的氣息。

當然，星巴克非常注重服務的每一個細節，包含了服務人員的熱情、動作與笑容，的確都讓顧客感覺到了體驗的價值。

服務行業的行銷，說白了就是體驗的競爭，看誰能給顧客營造獨特的體驗，而且這種體驗是好的體驗。找出可能與消費者接觸的每一個點，在這些點上極力給顧客營造好的體驗，這樣每一個點都是體驗

位在西雅圖派克市場的第一家星巴克店鋪。

的正向加分，最終形成獨特競爭力。

第六節　知識點總結

　　本章主要在討論體驗行銷的基本知識。在學習時，應著重掌握以下知識點：

知識點一：體驗行銷的市場

　　各市場的經濟發展狀況並不一樣，因此，體驗行銷在各地的實施環境也大不相同。對於那些剛剛滿足溫飽或者勉強達到小康水準的地區來說，體驗行銷實施的外部條件就不夠充分。

知識點二：體驗行銷的方式

　　體驗行銷的方式有：感官體驗、情感體驗、思考體驗、行動體驗、關聯體驗、混合體驗行銷和完整行銷體驗。

知識點三：體驗行銷的特徵

　　體驗行銷主要有以下幾個特徵：消費者主動參與；消費者體驗個性化；消費者是理性和感性的結合體；選擇產品的方法和工具都比較折衷。

知識點四：體驗行銷構成要素

　　體驗行銷的構成要素有：設施、產品、服務、互動過程。這四個構成要素共同營造了體驗行銷。但是，在不同的體驗互動過程中，這四種要素發揮的作用也不同，應視產品、服務和行業而異。

第 **2** 章
分析消費者體驗心理

體驗是消費者心理的反應過程，那麼消費者體驗是基於什麼樣的心理？影響消費者體驗心理的要素有哪些？產品在體驗過程中具有哪些心理屬性？本章將逐一討論。

第一節　目標消費群體心理分析

"上兵伐謀"，意為最高之兵法在於謀略。"心戰為上，兵戰為下"已成為行銷戰爭的"心經"，而攻心為上，對行銷來說，關鍵就在於抓住消費者的心。

實施體驗行銷同樣要明白目標消費者的心理，才能對症下藥。瞭解顧客的心理，能使公司以正確的吸引力、特點、溝通和顧客接觸面來定位產品。

微型案例 1　化妝品消費者心理分析

在化妝品上市之前，要瞭解目標顧客的消費心理。如抗皺面膜、保濕凝露、美白面霜、防曬日霜等，這些化妝品上市時，公司不僅要考慮產品本身的功效，還要考慮目標消費者的年齡、價值觀、工作型態與生活方式。例如：目標消費者對美麗的定義是什麼？目標消費者對年齡的看法如何？目標消費者對自我形象的認知是怎樣的？釐清這些問題有助於產品的銷售。

微型案例 2　Charlie 香水隨年齡而改變

露華濃在 20 世紀 70 年代初的調查表明，當時的女士比男人更具競爭力，她們在努力尋求個性。針對這些 70 年代的新女性，露華濃開發了 Charlie 香水，成千上萬的女士把 Charlie 香水當成勇敢的獨立宣言，因此它很快成為世界最暢銷的香水之一。

到了 20 世紀 70 年代末，露華濃的調查發現，女士的態度正在轉變——"女士已取得了平等，這正是 Charlie 香水要表明的。現在，女士正渴望體現一種女人味。"使用 Charlie 香水的女孩們已長大了，她們現在想要令人產生幻想的香水。因此，露華濃稍微巧妙地改變了一下 Jontue 香水的市場定位：該香水仍然是"獨立生活方式"的宣言，但同時又加上了一點"女人味和浪漫"的情調。露華

濃研製了一種針對 80 年代女士的香水"Jontue"。該香水的市場定位以浪漫為主題。Revlon 繼續精心改進 Charlie 香水的市場定位。在 90 年代，公司的目標市場是"全都能做，但是又清楚地知道自己想幹什麼"的女士。藉由不斷調整但又很精妙的市場重新定位，目前，Charlie 香水仍然是大眾市場的最暢銷香水。

那麼，如何分析消費者的心理呢？建議採用如下步驟：

(1) 界定消費者的心理體驗要素；

(2) 對顧客進行層次劃分；

(3) 明確產品心理屬性；

(4) 瞭解顧客體驗心理的調查方法。

第二節　界定消費者的心理體驗要素

體驗是一種心理反應，影響消費者體驗心理的要素有產品價格、產品品質、產品外觀、服務和口碑等。

(1) **產品價格**。產品的價格是其價值的展現，同時也是消費者取得產品所需付出的代價，這種代價就是企業生產產品的回報，也是產品得到社會認可的標誌。巧妙的定價能夠讓消費者樂意購買，並且從購買中體驗到購買的樂趣。例如若要讓消費者體驗價格實惠的感受，那麼可能要採取尾數定價策略了，好比將產品定價為 999 元所能銷售的數量必定會高於定價為 1000 元。

(2) **產品品質**。產品的品質具體表現為滿足人們需要的穩定性、持久性、可修復性以及操作的簡便性、對工作環境的適應性和良好的技術經濟指標等特性。品質是產品的生命，這一點一定要牢記在心。因為消費者追求優質的產品是天經地義的。產品如果沒有品質來做基礎，它的生存與發展也就不復存在。

(3) **產品外觀**。產品的包裝如同人的衣服，與產品設定形象相符的包裝能夠給人一種愉悅的感官體驗。

露華濃非常重視香水的包裝。對消費者來說，瓶子和包裝盒是香水及其形象的具體象徵。香水瓶應該讓人感覺舒服，容易使用，放在商店展示時能給予人深刻的印象。但最重要的是，它們必須支援香水所要傳達的概念和形象。

(4) 服務。服務是產品的附加價值，例如免費安裝、送貨到府、預約維修等。良好的服務能夠讓消費者感受到企業的實力，體驗到額外的收穫。而服務中的任何錯漏或瑕疵都會直接帶來負面的體驗，這種失望情緒所積蓄的能量，足以摧毀任何客戶的忠誠。

(5) 口碑因素。這是一種產品以外的因素，指的是消費者對某一產品的評價，而且這一評價會影響消費者對這一產品的心理感覺。當人們都說某一產品不錯時，顧客在購買時，潛意識裏就會認為產品很好，所以口碑因素也是影響消費者心理體驗的要素之一。

影響心理體驗的因素還不止這些，比如產品的功能、銷售環境、銷售人員等，都會對顧客的體驗心理產生影響。行銷人員在行銷策劃時都應該考慮到。

第三節　將顧客體驗分成四層

顧客體驗不僅僅包括產品，體驗是在大環境下進行的，是一個遞進的過程。Bernd Schmitt《顧客體驗管理》(*Customer Experience Management*)一書中，把顧客體驗分成四層。這四層分別是：

(1) 顧客身處的社會文化大環境（消費品市場）或商務環境（企業對企業市場）有關的體驗。

(2) 在品牌的使用或消費過程中所產生的體驗。

(3) 產品類所產生的體驗。

(4) 品牌所產生的體驗。

　　這四個層次是由外而內逐漸深入的。

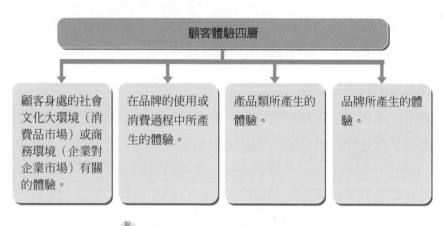

顧客體驗四層

| 顧客身處的社會文化大環境（消費品市場）或商務環境（企業對企業市場）有關的體驗。 | 在品牌的使用或消費過程中所產生的體驗。 | 產品類所產生的體驗。 | 品牌所產生的體驗。 |

🌐 **圖 2.1　體驗行銷的四個層次**

微型案例　**顧客體驗四層次**

　　我們舉例來說明。男士西服的品牌是由品牌所提供的特定體驗開始的，然後上升到更廣泛的意義上。下面我們一一進行分析。

　　品牌體驗就是這個品牌的西服看起來怎樣、穿著是否合身、是否能展現出購買者的身份與氣質、面料觸摸的質感如何，市場上西服很多，不同品牌會提供不同的體驗。產品類別的體驗來自於男士穿著西服的各面向感受。

照片來源：陳平和訂製西服部落格

　　當某日穿著特定品牌的西服時，此時品牌與產品類別融合到消費環境中。當男士穿著這身西服去工作或參加朋友聚會時，與社會互動中所得到的回饋或利弊，也就是社會文化體驗的一部分了。這是一個完整的體驗層次，從品牌體驗到社會文化體驗。

第四節　明確產品的消費者心理屬性

　　當人們的物質生活水準達到一定程度以後，心理方面的需求就會成為其消費行為的主要影響因素。因此，企業行銷應該重視對顧客心理需求的分析和研究，挖掘出有價值的行銷機會。為此，企業必須為適應消費者心理的變化而加強對產品的消費者心理屬性的開發。

一、產品的消費者心理屬性

　　產品的消費者心理屬性有三種，表現在商品上即為感性商品、理性商品以及介於感性與理性之間的商品。所謂感性商品，即消費者在購買該產品時的消費心態是不需要深思熟慮即可達成購買的產品，比如買瓶飲料、買一本休閒雜誌、喝杯咖啡，這些消費可以是想到消費就立刻消費了。所謂理性產品，即消費者在購買該產品時的消費心態很謹慎，需要經過考慮才會做出購買決策的產品，例如藥品、電腦、家電、汽車、房子等。介於感性與理性之間的產品，例如一些特殊的功能性化妝品和保健產品等。選擇生產感性產品還是理性產品，關鍵要看企業自身的資源以及該產品所處的行業階段，再結合上述幾項原則來綜合考慮。

　　在產品整體概念中所包含的心理屬性因素比重越來越高時，消費者心理屬性因素將就越來越成為行銷成敗的關鍵因素。

二、產品的消費者心理屬性的表現形式

　　現在的消費者越來越追求個性化的消費，人們已經不再滿足於被動地接受企業的誘導和操縱，而是主動地對產品的設計提出很多要求。

　　消費者除了對產品外觀提出個性化要求外，還對產品功能提出了個性化的要求。消費者越來越希望和企業一起，按照消費者新的生活意識和消費需求開發能與他們產生共鳴的“生活共感型”產品，開拓反映消費者創

造新的生活價值觀和生活方式的 "生活共創型" 市場。

微型案例　個性與功能的結合

　　大陸海爾集團因能夠研製出顧客需要的三角形冰箱而名噪一時海爾打出的口號從 "專為您設計" 到 "B2B、B2C 按需定制"，個性化在海爾一脈相承，這正是海爾家用電器的優勢所在。硬是在各家電大廠中擠出一條路；華碩電腦更是由於抓住了客製與功能結合的趨勢，將手機與平板電腦完美結合而在平板電腦市場上一舉成名。

圖片來源：華碩官網

　　明確了產品的消費者心理屬性後，要求企業在開發產品時，必須十分重視產品的品位、形象、個性、情調、感性等等方面的塑造，營造出與目標顧客心理需要相一致的心理屬性，幫助顧客形成或者完成某種感興趣的體驗。只有這樣，產品才能被顧客接受，這也是未來行銷企業必須充分努力的方向。

第五節　瞭解顧客體驗心理的調查方法

　　一切活動的開展都必須建立在調查研究的基礎之上，但是很多行銷人員忽視了或者不重視對顧客體驗心理的調查。因為他們認為顧客不能給他們有用的資訊或者不會把真實的想法告訴他們。事實的確如此嗎？當然不是。那麼，問題到底出在哪裡？問題在於傳統調查方法的局限性。傳統的調查方法非常重視可信度和正確性。而顧客體驗需要現實的、原始的、有深度的資訊。

　　要得到顧客體驗的眞實資訊，必須摒棄傳統的座談會、電話訪談等方式。要深入到顧客體驗的現場，在顧客熟悉的自然環境下進行。

　　顧客體驗的具體調查方法有三種：在體驗環境下進行調查，使用眞實的產品引發顧客的反應，鼓勵顧客想像更好的產品或服務。

(1) 在體驗環境下進行調查。傳統的調查方法可能會請一些顧客到公司裏以座談會的方式來進行，或者藉由顧客留下的聯繫方式（例如電話或 Email）聯繫顧客，詢問顧客一些問題。這種完全脫離了賣場的調查，不容易得到顧客眞實的感受和體驗，畢竟脫離賣場後顧客的回憶也會有偏差。所以要得到顧客最眞實的體驗，就要親臨顧客消費現場。消費過程中，顧客會完全投入到體驗中，在這個過程中跟隨顧客、觀察顧客，詢問他們對產品、服務、公司的想法，往往可以得到有用的資訊。這種調查不要局限於一個點，顧客的體驗是一個連續的過程，比如顧客會對比商品、詢問服務人員一些問題、購買商品。要關注整個過程。這樣的調查才是最準確有效的。

　　如果一家商場想知道顧客在商場購物過程中的感受，最好就在商場進行調查，調查那些正在購物或者正在商場裏的顧客，因爲顧客身處其中，感受會更深也更眞實。如果你調查大街上那些行人，不一定能收到好的效果，即使被調查者也在商場購買過商品，但是脫離了那個環境，他們的反應可能會缺乏了眞實性。

(2) 使用眞實的產品引發顧客反應。傳統的市場調查往往只是口頭描述產品或者使用假的道具，這樣不能引發消費者眞實的感受。而如果你向被調查者展示一件眞實的產品，他們就會侃侃而談，告訴你他們的想法。

　　一家食品公司在新研製的速食麵上市之前進行了一次市場調查。他們是這樣進行的：在超市的速食麵專區，調查人員把煮好的速食麵分給顧客品嘗，然後詢問顧客對速食麵的看法。這樣得到的回饋肯定是真實的。例如最近統一銷售的巷口乾麵用貨車巡迴試吃就引爆了不少話題及搶攻了新聞版面。

(3) 鼓勵顧客想像更好的產品或服務。很多企業都致力於產品的創新。創新的靈感有時來自於顧客的某一想法。在做顧客體驗調查時，不僅要關注現狀，得到顧客對現有產品和服務的描述和反應，還要著眼未來，鼓勵顧客發揮想像，說出他們對產品更高的期望、他們希望得到的最理想的產品或服務是什麼樣的。企業也許可以從顧客的想法中得到啓發，創新產品或服務。

總之，顧客體驗調查一定要放在特定的體驗環境中進行，無論是用於調查的產品還是調查的現場，都不要脫離現實。

第六節　案例分析：體驗行銷面面觀

因為臉書的開心農場遊戲熱門，台灣一些農民將農田劃分為一小塊一小塊的菜地，長期租給城市中的居民，讓他們在假日前來自耕自耘，體驗一份自給自足的田園之樂。也讓許多人將遊戲付諸於現實生活中，體驗當農民的生活樂趣卻不必有著農民般的辛苦

大陸江心洲是南京城外長江中的一個小島，沒有什麼名勝古跡，有的只是油菜、小麥、魚塘、江堤、蘆葦和晚霞中一隊隊低飛投宿的野鴨，一派農漁生活景象。然而，"當一天農民"的體驗旅遊，吸引著城裏人紛紛來到這個交通並不方便的江中沙洲。

山梨縣是日本著名的遊覽勝地，同時也是日本有名的葡萄酒釀造中心。藍天白雲下，漫山遍野的葡萄在山風習習中送來陣陣醉人的甜香。美酒、美景令人流連忘返，然而最令人難以忘懷的還是讓遊客充當一日果農，獲取一

份 "收穫的體驗"。參加者每人交納 2000 日元，就可以領取草帽、手套和剪刀等工具，每人在園內收穫三大箱葡萄後，可換取一瓶價值 2000 日元的葡萄酒。儘管這樣的農活並不十分輕鬆，但遊客們樂此不疲，興趣盎然。

當人們見慣了城市生活的繁華與浮躁後，回歸田園、回歸自然成為城裏人的心理需求。但是，現實中他們又不可能脫離城市生活，這種簡短的鄉村遊剛好滿足了他們的心理需求，所以就出現了上面幾個案例中的景象。

第七節　知識點總結

本章主要在討論與體驗行銷相關的消費者心理。應該掌握下面幾個方面：

知識點一：分析目標消費者心理

實施體驗行銷，只有明白目標消費者的心理，才能對症下藥。瞭解顧客的心理，能使公司以正確的吸引力、特點、溝通和顧客接觸面來定位產品。

知識點二：界定消費者的心理體驗要素

體驗是一種心理反應，影響消費者體驗心理的要素有產品價格、產品品質、產品外觀、服務和口碑等。

知識點三：顧客體驗分層

體驗行銷可以分為四層，它們分別是：顧客身處的社會文化大環境或商務環境有關的體驗；在品牌的使用或消費過程中所產生的體驗；產品類所產生的體驗；品牌所產生的體驗。

知識點四：產品的消費者心理屬性

消費者心理屬性表現在商品上有三種，即感性商品、理性商品以及介於感性與理性之間的商品。產品的消費者心理屬性要求在產品開發時追求設計的個性化和功能的個性化。

知識點五：顧客體驗心理調查方法

顧客體驗的調查方法有三種：在體驗環境下進行調查、使用真實的產品引發顧客的反應、鼓勵顧客想像更好的產品或服務。

第**3**章

顧客體驗定位

顧客體驗也需要定位嗎？答案是肯定的。如同產品行銷的規劃一般，顧客體驗的實施也需要進行定位，明確規劃要提供顧客怎樣的體驗。

第一節　體驗定位

我們先來看一個案例。

微型案例　　**體驗需要定位**

　　很多數位產品品牌都建立了體驗店，例如在台灣的 Studio A，可以讓消費者盡情地體驗 Apple 系列產品。但是並不是每一位體驗者都會購買產品，在顧客購

資料來源：Studio A 官網

買之前的所有體驗成本都需由商家來承擔，這對商家來說也是一筆負擔。因此，商家心理要很清楚一個問題：設立體驗店的目的為何？是追求品牌效應，還是直接的經濟效益，或者是其他。

　　在上面的例子中，我們提到了體驗的定位。企業在研發一種新產品時，會對產品進行定位，也就是決定產品的各項屬性該如何組合與調整，以滿足目標消費的需要與偏好。定位項目包括了產品的功能、產品的賣點、包裝設計、品牌、通路、定價等元素。為了能夠滿足消費者的偏好與需要，體驗當然也是需要定位的。

　　體驗要先決定所要傳遞的主要目的，再據此目的定位體驗的模組。體驗的定位要能夠直觀地告訴顧客能夠得到什麼樣的體驗。體驗定位應該是有誘惑力的、有新意的，能讓顧客有意願去體驗。例如迪士尼樂園將其體驗的目的設定為 "販賣夢想與歡樂"，也依此終極目標規劃所有的體驗定位。

　　體驗定位需要隨著市場環境的變化而改變。

第二節　明確體驗承諾

　　我們都知道產品銷售需要承諾，例如全國電子的「糾感心」的廣告清楚的表達對消費者的承諾；服務需要承諾，比如承諾售後服務。體驗也需要承諾，即明確地告訴顧客將從這次體驗中可以得到什麼。

　　服務承諾讓消費者更放心地購買，體驗承諾同樣也是一種吸引消費者的手段。但是從公司角度來說，這種承諾是現實的，必須是量力而為的，不能是空頭支票，也就是說，公司必須完成這個承諾，否則顧客就會失望。顧客失望意味著顧客流失。

達美航空公司的顧客承諾

　　美國達美航空公司制定了 12 條顧客承諾的宣言，指出乘客在起飛前、機場、著陸後都能得到什麼。其宣言內容包括：

(1) 提供最低收費的電話訂票，並且機票符合乘客要求的日期、航班、艙位，而且讓乘客知道網上有更低收費的機票。

(2) 預訂機票之後的 1 天內，保留未付款的機票直到深夜。

(3) 使用信用卡付款的機票在 7 天之內可以退票。

(4) 對延誤和取消的航班提供及時全面的資訊。

(5) 24 小時內退還錯發的行李。

(6) 30 天內回覆乘客的投訴。

　　達美航空的體驗承諾是一種開發顧客的手段。不知道你是否已經發現這個宣言並不完全——這個宣言中沒有涉及到飛機飛行過程中的體驗承諾。這種承諾可能有一定的難度，但是，這也是整個服務過程中最重要的。宣言中的有些承諾其他航空公司也能做到，也就是說達美根本沒有競爭優勢。

　　承諾要視公司的性質和具體情況而定。NIKE 對顧客的承諾是提供功能上更高級的運動鞋和運動衣，這能讓顧客能有更出色的表現。NIKE 之所以有這種承諾，是因為它是專門生產運動系列商品的公司。而 Puma 注重的是生活方式、時尚和熱情，而它的承諾正體現了這些。

第三節　超出顧客期望體驗

　　體驗期望是對企業所提供之體驗的預期，但是體驗的期望與實際經歷到的體驗，可能會存在著差異。

　　企業絕不可因達到顧客滿意而沾沾自喜，必須超越客戶的期望，要讓顧客為所接受到的服務品質感到驚訝、讚賞、讚歎。

　　其實，超越顧客期望很簡單，你只需要多做一點點。一句真誠的問候，一個友善的微笑，一聲誠摯的道謝……都能讓顧客感受到超值體驗。我們來看看 Wal-Mart 是如何實踐這一理念的。

微型案例　Wal-Mart 超越顧客期望的服務

　　Wal-Mart 每天都會收到許多顧客來信，表揚員工所做的傑出服務。在這些來信中，有些顧客為員工對他們的一個微笑、或記著他們的名字、或幫助他們完成了一次購物而表示謝意；還有一些是為了員工在某些突發事件中所表現出的英勇行為而感動；或是員工為一位在商場內突發心臟病的顧客採取了 CPR 急救措施；或是為了讓一位年輕媽媽相信某套餐具是摔不破的，而將一個盤子扔到了地上。

　　當然，超越顧客期望，我們還可以做得更多。

微型案例　我們可以做得更好

在世界十大飯店之一的泰國東方飯店，只要你在這個飯店住過一次，再次光臨時，他們就會把你提升為頭等客戶，優先為你提供服務。樓層服務員在為你服務的時候能夠叫出你的名字，餐廳服務員會問你是否坐一年前坐過的老位子，並且會問你是否需要一年前你點過的那份菜單。你生日的時候，你還有可能收到一封他們寄給你的賀卡，並且告訴你，他們全飯店都十分想念你。

不能滿足顧客期望的體驗，會讓顧客非常失望甚至憤怒，如果能夠超越顧客的期望，則會讓顧客非常高興，甚至成為你的忠實顧客。

第四節　案例分析：JetBlue 航空公司——超出顧客期望體驗的原則

僅有 30 架飛機的美國 JetBlue 航空公司是一家在美國航空業界很不起眼的小航空公司，它創造了 2002 年曾年淨利潤名列全美航空業第一的業績，超過了美國折扣航空公司的龍頭老大——西南航空公司。

JetBlue 之所以能取得如此的成績，與它奉行的超出顧客期望體驗的原則有很大的關係。在 JetBlue 的經營中有幾個顯著的特點：

特點一：JetBlue 的收費很低，提供的票價多數是 99 美元。據統計，JetBlue 的平均票價是 104 美元，最低票價只有 49 美元。以美國西部加州的航班為例，JetBlue 航空的標價比大型航空公司便宜 75%，甚至比素以低價著稱的西南航空公司還低。此外，JetBlue 航空的票價沒有艙等的區別，全部以單程計價，週末和旺季也很少漲價。這一做法吸引不少新的顧客。

特點二：簡單卻高品質的服務。與西南航空公司一樣，JetBlue 的飛機在飛行途中不提供正餐，只提供飲料和零食。在 JetBlue 的登機門口，顯示器提醒大家：“注意：下一餐在 2500 英里之外”，從而以幽默的方式提醒途中需要餐點的乘客，在上機前先自行準備。由於票價很低，乘客一般都不會對此提出抱怨。儘管沒有午餐，但是空中的體驗並不讓人失望。JetBlue 擁有的飛機是全新的空中巴士 A320 機型。全新的飛機不僅能夠吸引乘客，而且飛行更安全。每個座位元上都安裝了電視，可以收到 24 個頻道的衛星電視節目。所有的座椅都是真皮座椅，讓乘客更為舒適。

JetBlue 的創辦人 David Neeleman 非常重視乘客的超值體驗。他幾乎每週都要坐 JetBlue 的飛機。他總是輕裝和乘務人員們一起，在機艙裏來回為乘客遞飲料、收垃圾。他非常重視傾聽乘客的聲音，他有了新的主意也會去詢問乘客。如果遇上顧客有什麼意見，他就會在現場直播的電視螢幕上親自為大家解釋。

第五節　知識點總結

本章主要討論顧客體驗定位問題。下面幾點需要掌握：

知識點一：體驗定位

體驗定位需要直觀地告訴顧客能得到什麼樣的體驗。體驗定位應該是有誘惑力的、有新意的，能讓顧客產生體驗的意願。體驗定位也應該隨著市場環境的變化而改變。

知識點二：體驗承諾

體驗承諾同樣也是一種吸引消費者的手段；公司必須履行承諾；承諾要視公司的性質和具體情況而定。

知識點三：超出顧客期望體驗

企業不應滿足於符合顧客期望，要力爭超越顧客期望，超越顧客期望可以贏得忠誠的顧客。

第 **4** 章
體驗行銷策略要素

體驗行銷策略的實施，不是一個孤立的過程，它需要綜合考慮
各方面的問題。戰略體驗模組的選擇、體驗矩陣的設計和運用，
以及品牌塑造，都是此一過程中需要認真對待的。

第一節　界定戰略體驗模組

　　策略問題是關於選擇的問題策略體驗模組形成了體驗行銷的架構。策
略體驗模組有感官模組、情感模組、思考模組、行動模組和關聯模組。也
即是我們在第一章討論過的五個面向。

　　在體驗行銷中，是如何選擇體驗模組的？或者說，為什麼選擇某種體
驗模組而不選擇其他四種呢？這種決策是怎樣做出的？如何實施某種體驗
模組？這都是選擇體驗模組要考慮的問題。

　　在體驗模組的選擇過程中，消費者、競爭對手及產業的發展趨勢，是
三個決定性的因素。因此，在選擇體驗模組時，不妨先考慮以下問題：

(1)　產品的目標顧客是哪些人？

(2)　目標顧客較喜歡五個策略模組中的哪一種？這是選擇策略模組的關
　　　鍵。

(3)　競爭對手採用了哪種體驗模組？效果如何？

(4)　你清楚整個行業的發展趨勢嗎？

體驗模組的選擇除了考慮上述三者外，還要考慮模組本身，以便使這些模組與策略實施保持一致。

(1)　**感官模組**：我們是要追求視覺的美感還是感官的刺激？我們應該如何感性地體現？我們有沒有辦法可以全方位地、全天候地、連貫地執行這一理論？

　　適用範圍：它適用於區分公司和產品，激發顧客和增加產品的價值。

微型案例　Tide

　　P&G 的 Tide 洗衣粉在美國銷量第一。多年來促銷一直基於功能，如"有效清潔"。改為體驗行銷後，廣告突出"山野清新"的感覺："新型山泉 Tide 帶給你野外的清爽幽香"。在上面的例子中，我們提到了體驗的定位。企業在研發一種新產品時，會對產品進行定位，也就是決定產品的各項屬性該如何組合與調整，以滿足目標消費的需要與偏好。定位項目包括了產品的功能、產品的賣點、包裝設計、品牌、通路、定價等元素。為了能夠滿足消費者的偏好與需要，體驗當然也是需要定位的。

---

(2)　**情感模組**：如何透過情感體驗引出一種心情或者特定情緒？怎樣保持這種情緒呢？

　　適用範圍：大部分影響是在消費中形成的，因此，一般的情感廣告並不合適。

微型案例 **Häagen-Dazs "浪漫愛情"**

　　Häagen-Dazs 門市把自己與浪漫愛情聯繫在一起，在亞洲推出了一系列浪漫主題的霜淇淋蛋糕，例如"華爾滋的浪漫"、"幸福相聚"等。乃至馬尼拉一家報紙寫道："馬卡提城區裏香格里拉飯店周圍擠得水泄不通。消費者並沒有感到 Häagen-Dazs 的入駐會對本地冰淇淋市場形成威脅，反而增添了活力……"，因為 Häagen-Dazs 推銷的是浪漫感受，而非冰淇淋本身。

(3) 思考模組：我們怎樣評估創造性思維？我們最初是應該運用收斂性思維還是發散性思維？我們能創造出吃驚、有趣或者是憤怒等情緒嗎？

　　適用範圍：高科技產品常使用這一方法。

微型案例 **Microsoft "思考"**

　　微軟的口號：「你今天想去哪裏呢？」(*Where do you want to go today?*)，目的是啓發人們去理解"電腦在 20 世紀 90 年代對人們的意義"。

(4) 行動模組：我們是否應該把品牌與實際經驗、生活方式或各因素的相互作用聯繫起來？我們運用怎樣的理論以適應生活方式的變化？

　　適用範圍：改變生活方式更多的是要有動機的，出於一時的靈感或衝動，而且是有模仿對象的。

> **微型案例**　NIKE "Just Do It"
>
> 　　NIKE 的口號 "Just Do It" 家喻戶曉，表達 "無需思考，直接行動"，十分具有煽動性。

(5) 關聯模組：與目標物件相關的群體和文化有哪些？我們如何使客戶相信這些團體？我們是否應該組織一些品牌俱樂部？

適用範圍：從化妝品、個人用品和內衣到改善國家形象的項目。

> **微型案例**　哈雷的象徵
>
> 　　美國摩托車廠商 Harley-Davidson 推出該品牌後，吸引了成千上萬摩托車迷每個週末在全國各地舉辦各種競賽。車主們把它的標誌紋在胳膊上乃至全身，哈雷機車成了一種社群的象徵。
>
> 　　《紐約時報》寫道："假如你騎乘一輛哈雷，你就是兄弟會的一員；如果你沒有，你就不是。"

第二節　體驗矩陣

　　要實施一個體驗行銷策略，首先要對你的企業內部和外部情況進行分析。要考慮你的目標顧客，包括他們的喜好、行為、價值觀，以及影響他們的社會文化或社會次文化。要考慮你的產品，包括產品的品質和功能、品牌的知名度和美譽度、產品的銷售情況。還要考慮你的合作夥伴、競爭對手，以及整個產業的有關情況。體驗式行銷人員可以藉由體驗矩陣來進行策略體驗模組與體驗工具的搭配使用，來規劃一個體驗行銷策略。

　　圖 4.1 是一個體驗矩陣，橫行表示體驗模組，縱列表示體驗行銷工具。在此我們只簡單介紹一下，我們在後面的第九章還會詳細講解體驗行銷工具。

體驗營銷工具							
		溝通	視覺與口頭識別	產品呈現	建立品牌	空間環境	電子媒介與網站	人員
策略體驗模塊	感官	✓	✓					✓
	情感	✓						✓
	思考	✓			✓		✓	
	關聯					✓	✓	✓
	行動	✓		✓			✓	

圖 4.1　體驗矩陣

一、體驗模組和體驗行銷工具的關係

　　圖中的 "✓" 表示橫行和縱列的交集，即縱列的體驗行銷工具對橫行體驗模組的實施有影響，或者說，縱列的體驗行銷工具比較適合橫行的體驗模組。

　　從圖中我們可以看出，感官體驗中最重要的行銷工具是產品展示，當然，也離不開溝通和人員的協調。而人員和溝通是建立情感體驗的關鍵：人員是情感交流的關鍵因素，交流必然需要溝通。對思考體驗而言，溝通、建立品牌和電子媒介相對重要。關聯體驗中最重要的是人員，由於品牌的影響越來越大，因此對於關聯體驗網路和空間環境也是必要的工具。對行動體驗來說，產品呈現和溝通、電子媒介都很重要。

　　當然，體驗模組和體驗行銷工具之間的關係並不是必然的。我們所說的只是特定的工具會比其他工具更適合某種體驗模組。其實，任何一種策略體驗模組都可以藉由所有體驗媒介進行傳播。我們以情感體驗爲例，在情感體驗建立之初，總是要用到人員和溝通這兩個工具。但是，情感體驗建立之後，可能還要用到產品展示、空間環境等。重要的是起步時找到對的行銷工具。

二、體驗矩陣的延伸

　　上面我們所說的以及矩陣圖所示的都是二維的，即其中只涉及到體驗模組和體驗行銷工具。但是，在實際的應用中，可能會涉及到第三維度。

　　比如對於航空公司來說，如果他們分析顧客購買前、購買中、重複購買等的體驗模組和體驗工具，這時所提供服務流程就是一種有效的第三維度。如果體驗行銷方式是全球性的，那麼第三維度就會涉及各個國家和地區。

　　體驗矩陣還有很多其他的問題，比如矩陣的強度、幅度、深度等也是需要考慮的。體驗矩陣還提醒我們，體驗行銷策略不一定只用一種體驗模組，可以根據實際需要將多種體驗模組聯繫起來。但是，需要注意的一點是要強化各模組之間的聯繫，太分散往往起不到作用。

第三節　企業品牌塑造

　　可口可樂曾說：“假如可口可樂的實體資產毀於一旦，擁有可口可樂這個名字的人也能夠隨便走入一家銀行，輕易得到一筆貸款，而後重建一切。”爲什麼他敢這麼說？因爲可口可樂這個品牌本身就是一筆財富，這個品牌的價值超過數百億億美元！由此可見品牌塑造的重要性。

　　可口可樂曾說：“可口可樂最初進入中國市場的時候，很多消費者認為花這麼多錢買一杯水，不值得。其實，他不知道，這杯水已經不完全是一杯水了，它象徵著一種生活品質與態度，也就是消費者在消費的時候付出了一部分品牌的價格。"她的意思是說，可口可樂的牌子已經具有價值。消費者不僅是在喝可口可樂，也是在體驗一種文化，也就是美國文化。可口可樂的品牌代表了一種體驗價值。

那麼，如何塑造企業品牌呢？

一、最好的體驗是品牌名稱

品牌真正的力量來自顧客情感上的投入，產品品牌的名稱要帶有體驗性，因為它能形成顧客親密和信賴的感受，偉大的品牌總是在名稱上能夠與顧客建立起情感上的連結。

微型案例　品牌名稱與體驗

一項研究表明，知名品牌不僅名稱好記、形象佳，而且能提供顧客聯想體驗。例如服飾品牌 Dior、Armani 傳遞了時尚；汽車品牌中，Jaguar 有著俊美的聯想。一位經濟學家說："如果沒有了品牌形象帶來的'那種感覺'，它們的利潤率至少要下降 80%。"

二、塑造個性化的品牌

體驗經濟是一種人性經濟，品牌代表了一種產品，甚至一個企業。給品牌賦予個性是品牌塑造的重要方面。一個體驗型品牌，強調的是消費者在消費品牌時所有的感覺與個性化的東西。

微型案例　　P&G 個性化品牌的塑造

　　P&G 在行銷過程中打造了一系列個性化的概念。例如：“海倫仙度絲”的個性是去頭皮屑；“潘婷”的個性在於對頭髮的營養保健；“飛柔”的個性則是使頭髮光滑柔順；“沙宣”定位於調節水分與營養。

　　再看看海倫仙度絲的廣告：海倫仙度絲洗髮精，海藍色的包裝，首先讓人聯想到蔚藍色的大海，帶來清新涼爽的視覺體驗，“去屑實力派”的廣告語，進一步強化了海倫仙去頭皮屑的功效。

　　在品牌競爭的過程中，產品和服務的差別日益縮小，而品牌的個性化將是競爭的一個亮點。品牌個性化之所以吸引人，是因為品牌個性將一個原本沒有生命的物體或服務人性化了。

　　需要注意的一點是，在品牌個性化的過程中，一定要找準顧客的利益訴求點和感情訴求點。

三、實施體驗定位

　　品牌定位是針對目標市場確定、建立一個獨特品牌形象並對品牌的整體形象進行設計、傳播等，從而在目標顧客心中佔據一個獨特的有價值的地位的過程或行動。實施體驗定位就是藉由企業品牌與顧客的互動，使顧客產生一種全方位的感受。

微型案例　體驗定位與消費者互動

　　體驗性品牌並不僅僅局限於娛樂性的產品，比如美國有一個名為 Green Mountain 的公司，其產品是民用照明的電力。按道理來講，電力是同質化程度很高的一種產品，但是，Green Mountain 公司卻把它做成了一個體驗性品牌。它強調，它的電是用無污染的能源提供的，如水力、風力、太陽能，這和消費者的環保理念相契合，而且公司還藉由多種手段來強化這種理念，使人們感到，購買該公司的電力不單純只是為了購買，更是在參與一種偉大的事業。

第四節　產品要素

　　產品是實施體驗的物質載體，構成產品的要素，是實施體驗的內在表現。瞭解產品要素，在實施體驗行銷時，要充分利用特定產品要素來發揮作用。

一、服務領域和物件

　　產品要有一定的針對性，也就是說，這些產品的消費族群是哪些人？產品所處的市場是否有激烈的競爭？只有把握和處理好這些問題，產品才能得以生存。

二、價格

　　產品的價格是其價值的體現，同時也是消費者取得產品所需付出的代價，這種代價就是企業生產產品的回報，也是產品得到社會認可的標誌。

三、品質

產品品質指的是產品能夠滿足人們物質和精神需要的各個特性和特徵的總和。產品的質量具體表現爲滿足人們需要的穩定性、持久性、可修復性等以及操作的簡便性、對工作環境的耐用性和良好的技術經濟指標等特性。要強調的一點是：品質是一個綜合性的概念，對於不同的用戶而言，其要求是不一樣的。

品質是產品的生命，這一點一定要牢記在心。因爲消費者追求優質的產品是天經地義的。產品如果沒有品質作爲保證，它的生存與發展也就會不復存在。

四、安全性

安全性指的是產品對人身安全和財產安全所提供的保障，或者是對人身和財產產生威脅的程度。

安全性直接影響到消費者對產品的接受程度。試想，如果使用這個產品要冒生命危險，還有誰敢用這個產品呢？所以，安全性是與品質特性密切相關的一個重要指標。企業產品開發必須十分重視安全性方面的要求，尤其是現代人的安全意識十分強烈，如果做不到安全適用的話，產品根本就不會有市場。

五、服務

這裏的服務有兩個概念，一個是廣義的概念，另一個是狹義的概念。廣義的服務就是指服務產品，例如清潔服務、運輸服務等；狹義的服務指的是提供產品時所提供的服務，它是與產品一起銷售的，是產品銷售過程的延伸。如免費安裝、送貨到府、預約維修等。

第五節　案例分析：健怡可樂的品牌風波

　　1886 年，在美國亞特蘭大市的一家藥房裏，一位藥劑師配錯了藥，他品嚐了一下這一咖啡色的液體，味道竟是如此的神奇，於是，可口可樂誕生了。一個多世紀以來，可口可樂此一軟飲性料風靡全球，歷久不衰。早在 20 年前，曾有人做過這樣一個有趣的統計，把銷售可口可樂全部的瓶子直立並相排，等於從地球到月球 115 次來回，或寬 7.5 公尺的高速公路繞地球赤道 15 圈。

　　到 1985 年，可口可樂每天的銷售量超過 3 億瓶，年營業額高達 58 億美元，暢銷全球 150 多個國家和地區。1985 年，可口可樂在同業競爭下向市場推出新型飲料"健怡可口可樂"。當時的可口可樂總裁戴森說："在可口可樂公司整整百年的發展歷史上，健怡可口可樂是最重要的新產品，甚至在 80 年代的軟性飲料產業中，它也可能是一個非比尋常的事件。"可口可樂公司投入 400 萬美元，對 25 萬消費者進行了調查，調查結果顯示 60% 的被調查者偏愛這一新的飲料，這意味著新的可口可樂已"穩操勝券"。於是新的可口可樂被滿懷信心地推上市場，在上市初期銷勢尚可，不久銷勢很快減退。可口可樂總部每天接到 1500 個電話和雪片般飛來的信件，抗議說再也不喝可口可樂了，使得可口可樂的市場佔有率從 23.9% 滑落到 21.7%（要知道當時美國 1% 的軟性飲料市場就代表著 2.2 億美元的銷售額）。三個月後，可口可樂公司不得不放棄新可樂。

　　在此之後，經過專家的深度調查，瞭解到當時可口可樂公司所犯的錯誤是不知道消費者為什麼要喝可口可樂。其實，人們喝的不是可樂本身，而是對可口可樂紅色品牌衝擊波浪的體驗，因為可口可樂是美國三大文化之一。

第六節　知識點總結

本章主要討論體驗行銷策略要素問題。需要掌握以下幾個知識點：

知識點一：策略體驗模組的選擇

體驗行銷策略模組有感官模組、情感模組、思考模組、行動模組和關聯模組五種。在選擇體驗模組時，要考慮消費者、競爭對手和行業的發展趨勢，同時還要考慮模組本身的特點。

知識點二：體驗矩陣

體驗式行銷人員可以藉由體驗矩陣來進行策略體驗模組與體驗工具的搭配使用，來規劃一個體驗行銷策略。在設計體驗矩陣時，要注意體驗模組和體驗工具的關係。

知識點三：企業品牌塑造

品牌是實施體驗行銷的有力武器。塑造企業體驗品牌應從以下三方面著手：品牌體驗名稱、品牌個性化、品牌體驗定位。

知識點四：產品要素

產品要素包括：服務領域和物件、價格、品質、安全性、服務五個方面。

第 5 章

體驗行銷策略整合

整合本身是一個非常模糊的概念，我們可以把整合看成一個工具，一個實現行銷策略的工具，它貫穿於行銷策略的始終。本章主要圍繞體驗行銷整合模型展開，討論了體驗行銷整合的相關問題。

第一節　體驗行銷整合模型

體驗行銷的誕生，讓顧客在產品或服務的生產過程中發揮了主動性，如果把體驗也視為一種產出物來看待，那麼，它是由顧客所生產的。我們來看一下作為產出物，產品、服務、體驗三者和企業、顧客之間的區別與聯繫。

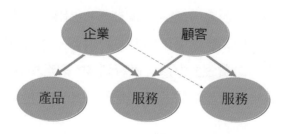

🌐 圖 5.1 產品、服務、體驗關係圖

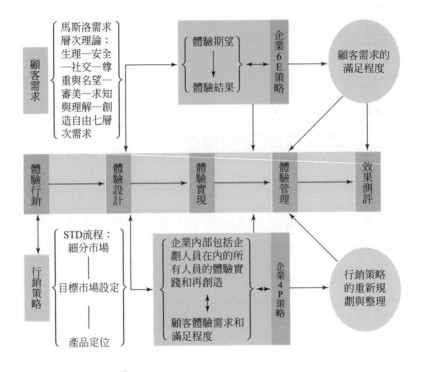

圖 5.2　體驗行銷整合模型

從圖 5.1 中可以看出，體驗雖然是顧客的產出物，但是不能脫離企業而存在，即顧客的體驗產生於顧客，依附於企業。體驗的這種特殊性決定了體驗行銷的特殊性。

在此，我們構建了體驗行銷整合模型。如圖 5.2 示。此模型包括了體驗實施過程中的企業、顧客、體驗三個因素，以體驗為整體骨架，體驗的實現為中軸，企業價值和體驗價值為模型的兩翼。這個模型同時考慮到了企業和顧客的目標。從圖 5.2 中還可以看到 4P 策略和 6E 策略。其中 4P 策略是傳統行銷策略的體驗策略，6E 是體驗行銷的特色策略。這在本章會有詳細的闡述。

(1) **模型的顧客視角**：模型從馬斯洛的需要階層理論出發，來分析顧客的需要，藉由導入顧客對於體驗的期望和體驗的結果，在 6E 行銷組合的有效實施下，實現顧客的體驗價值。

(2) **模型的體驗軸心**：這是體驗行銷整合模型的中軸。以體驗設計作為基礎，體驗實現作為目標，"4P＋6E"策略作為有效手段，體驗管理作為有力的保證，最後藉由效果評估提高體驗整體策略實施的層次和實現再次迴圈。

(3) **模型的企業視角**：企業遵循行銷定位決策，藉由企業內部員工的體驗傳播和外部顧客的體驗交流，在 4P 行銷組合的保證下，最終實現企業價值。

第二節　行銷策略分析

市場行銷規劃的根本在於抓住自己的優勢，避免自己的劣勢，做到揚長避短，把自己的力量集中在優勢方面，以確保自己的市場地位。因此，在市場劃分工作後，當我們發現一個可以進入的市場時，我們就必須對這一市場的情況與自己企業的情況等內外環境加以綜合分析，瞭解自己面臨的競爭環境，以確定自己的優勢，規避自己的劣勢。

一、行銷定位決策

行銷定位決策是行銷核心的工作之一。企業的行銷策劃者必須藉由市場劃分，決定企業的目標市場，進而進行產品定位。體驗行銷同樣需要進行行銷定位決策。

專家曾說："主題化行銷成功的關鍵在於領悟到什麼是真正令人矚目和動人心動的"。體驗行銷很重要的一點就是準確定位。定位應注意以下幾個要點：一是簡明扼要，抓住要點。不求說出產品全部優點（但要以產品眞正優點爲基礎），但求說出相異點；二是應能引起消費者共鳴；三是定位必須是能讓消費者切身感受到的，如不能讓消費者作爲評定品質的標準，定位便失去了意義。

由於體驗行銷的特殊性（即它更加注重顧客的參與），體驗消費者在消費過程中往往從自身的個性和心理出發，這使得體驗行銷必須關注消費者千差萬別的個性和心理因素，這也使行銷定位決策在體驗行銷中顯得更加重要。體驗行銷的市場劃分應以行爲因素和心理因素爲主，並以此判斷顧客的主要需要，從而進行針對性較強的體驗設計。

二、消費者分析

體驗行銷是爲了幫助消費者實現自我，所以首先要瞭解消費者的心理需求，挖掘出有價值的行銷機會。與消費者進行直接溝通，才能發覺他們內心的渴望，使產品和服務的開發與目標消費者的心理需求相一致。

企業要能夠分析測量構成消費者體驗的因素，借鑒應用心理學、消費者行爲學等理論進行以情感爲主的調查，研究消費者心理，列出盡可能多的接觸要點，以便藉由規範每一次的互動與交流，創造出全面激發顧客興趣的體驗。

第三節　體驗行銷 4P 組合分析

行銷組合策略可以簡單概括成爲 4P，即：產品（Product）、價格（Price）、通路（Place）、推廣（Promotion）。體驗行銷同樣是 4P 組合的反映。下面我們就體驗行銷的特點分析 4P 組合：

(1) **體驗產品**。產品是體驗行銷中最基本的要素。體驗行銷是以顧客爲中心的行銷，體驗產品的設計也應該以顧客爲中心，根據顧客的不同體驗開發相對應的體驗產品。只要是符合顧客體驗需求、具有高度體驗價值的產品，顧客就會給予最直接的回報——購買這種產品。

產品是如何表達顧客的體驗價值的？以下幾方面值得考慮：

①產品應該能傳達顧客的社會地位；

②產品應該能表達自我；

③產品應該是具有享樂性的；

④產品應該具有紀念意義，能使顧客想起過去的經歷。

具體應該怎樣實施？或者說如何製造體驗產品，把體驗融入產品中呢？以下幾方面值得考慮：

①產品性能設計；

②產品外觀設計；

③產品個性化設計；

④讓顧客參與產品的生產過程；

⑤實施產品訂製化。

體驗產品是實施體驗行銷的最強有力的武器，提高商品或服務體驗化程度是吸引顧客參與體驗行銷的關鍵因素。

(2) **體驗價格**。價格在顧客購物過程中起著重要的作用，如果顧客認為價格合理，他們就會採取購買行為，否則就不會購買。體驗經濟時代，聰明的商家應該學會在產品價格中融入體驗的成分。體驗的價格應按照顧客的心理和需求來確認。

微型案例　　**體驗與價格**

　　一個漢堡的價值到底是多少，現在已越來越難以估計。大多數的西方人只要花1美元以下的錢，即可得到一個可口廉價的漢堡。

　　隨著生活條件的改善，越來越多的人情願付4美元買漢堡，也就是在一些專門餐廳所出售的美食漢堡。

　　為什麼美食漢堡要賣4美元一個呢？在顧客的心目中，它不但比較大，而且是現做現賣，更重要的是這類餐廳提供一些較為舒適的軟硬體設備。在一般的速食店，使用的是塑膠椅，服務也很制式，而在出售美食漢堡的餐廳裡，不但桌椅比較舒適，而且可能還兼賣酒品，還提供更優質的服務。

　　例如顧客到 Friday 美式餐廳，點一客漢堡外加薯條和飲料的套餐，可能要花費500元台幣，但是同樣的食物在一般速食店只需約120元台幣。但是對有些消費者來說，舒適的環境、裝潢加上美味可口的漢堡，支付500元台幣完全合理，甚至比麥當勞或漢堡王等速食店還划算。

　　目前在美國大約有上百家這類餐廳，年營業額達1億美元。在將來的日子裏，這類餐廳只會有增無減。有人保守地估計，將來會出現成千家餐廳，年營業額將達 20～30 億美元；更有人大膽地預測，年營業額將會達 80 億美元！

(3) **體驗地點**。體驗地點的選擇也會影響體驗的效果。如果顧客距離體驗場所很近，那麼他們光顧的次數肯定會增加；反之，由於距離遠導致顧客的體驗成本增加，他們光顧的次數自然會減少。但是，從另一個角度來看，距離遠會帶來地域文化上的差異，這反而也成為體驗的一個賣點，例如台灣居民參觀故宮博物館時的體驗和歐美遊客參觀時的體驗肯定不同。

(4) **體驗推廣**。體驗推廣就是企業誘導消費者消費、利用消費體驗推動消費者認知產品，最終促進產品銷售的行銷手段。推廣有利於顧客瞭解企業或產品，很多時候顧客是藉由推廣活動來瞭解體驗活動的內容。推廣能夠勾起顧客潛意識裏的欲望，進而提高顧客體驗價值。

知識要點　體驗推廣的方法

　　體驗推廣方法相當多樣，包括樣品發送、免費試用和現場體驗三大類。

　　樣品發送是企業將產品樣品免費贈予顧客(例如小包旅行裝洗髮精的發送)，供其體驗的行銷方式。免費試用是將產品借給顧客，讓顧客使用一段時間，然後收回（或由消費者買下）的體驗推廣活動。現場體驗是企業在某個現場範圍內鼓勵消費者享用產品的免費活動（例如汽車試駕）。

　　4P 理論強調以消費者為中心，這跟體驗行銷以消費者為導向不謀而合。所以，體驗行銷更要充分把握 4P 理論。

第四節　體驗行銷 6E 組合分析

　　體驗行銷的 6E 組合指 Experience（體驗）、Environment（情境）、Event（事件）、 Engaging（侵入）、Effect（印象）、Expand（延展）。由於這六要素的英文單詞都是以 "E" 開頭的，所以將其稱為 6E 組合。下面我們來一一分析。

(1) **體驗**。體驗行銷中體驗當然是不可少的。體驗就是人們回應某些刺激的個別事件。體驗通常是由於對事件的直接觀察或是參與造成的，不論事件是真實的還是虛擬的。體驗會涉及到顧客的感官、情感、情緒等感性因素，也會包括知識、智力、思考等理性因素，同時也可包括身體的一些活動。體驗的基本事實會清楚地反射於語言中，例如描述體驗的動詞：喜歡、讚賞、討厭、憎恨等，形容詞：可愛的、誘人的、刺激的等等。心理語言學家研究表明，類似這些與體驗相關的辭彙在人類的各種語言（如漢語、英語、德語、日語等）中都是存在的。

　　體驗通常不是自發的而是誘發的，當然誘發並非意味著顧客是被動的，而是說明行銷人員必須採用體驗行銷工具。

　　體驗是非常複雜的，沒有兩種體驗是完全相同的，人們只能藉由一些標準，將體驗分成不同的體驗形式。

(2) **情境**。情境是企業為顧客搭建的一個舞臺，給顧客提供的一個外部環境。有了這個舞台，顧客才能參與到企業產品的生產和消費過程中。情境對顧客體驗的生成有極大的促進作用。情境的設計可以借助各種條件，比如戲劇、心理學、文學、經濟學等各方面的知識。

微型案例　體驗情境

　　台灣菸酒公司將位於台灣各地之特色酒廠規劃成觀光酒廠，例如消費者可以在竹南啤酒廠體驗啤酒的製作過程，也可以現場享用新鮮的啤酒；台灣的金車酒廠為了讓消費者瞭解該公司噶瑪蘭威士忌酒的生產過程，也將工廠開放成觀光酒廠，讓消費者體驗威士忌製作的過程。

資料來源葛瑪蘭酒廠官網

(3) 事件。如果說情境是為顧客提供的舞臺，那麼事件就是企業編寫的劇本。我們說，體驗行銷貴在顧客參與。如何讓顧客參與進來呢？不僅要給他們舞臺，還要為他們設定參與的程式。為什麼要這樣做？如果任由顧客在舞臺上表演，則無法體現企業的目的。而企業提供的體驗過於零散，將不能在顧客心中形成清晰的概念和定位。

　　具體對事件的設定有兩種方法，一種是定出嚴格的程式，顧客只能按照這種方式進行，例如線上遊戲。另一種是設定比較寬鬆的程式，顧客可以按照自己的想法和意願進行，例如前面所提到的到台北近郊的農村種菜、到山梨縣當果農採摘葡萄等都屬這種方式。

(4) 侵入。體驗行銷的目的是讓消費者藉由參與體驗過程，為體驗產品付費。要達到這一目的，就必須讓消費者真正進入企業所設定的角色。因此，作為體驗行銷的"編劇"，企業所設計的角色必須能夠吸引顧客，讓顧客在參與過程中真正融入"劇本"，並且從心理上認同這種產品或這個企業。為什麼有那麼多人喜歡看《哈利波特》？因為影片不僅營造了一種逼真的氛圍（情境），設定了誘人的劇本（事件），而且觀眾在看影片時，完全進入了狀態，這就是成功的"侵入"。

(5) 印象。"寧願一人吃千次，不願千人吃一次"，這是一家餐館懸掛的標語。從中我們肯定能領悟到一些什麼，那就是忠誠顧客的重要性。印象所要達到的目的就是讓顧客記住企業、記住產品，進而產生重複購買。如何達到這一目的？製造印象深刻的體驗。儘管如此，深刻的印象也會隨著時間的推移而慢慢褪色。將印象製作成實實在在可以保存的實物，比如照片、錄影、建立體驗會員俱樂部等，都能實現這一目的。

(6) 延展。利用病毒行銷企圖藉由消費者的口碑相傳實現產品的低成本傳播。延展也是為了達到這一目的。延展不僅是要讓更多的顧客購買某種產品，它還包括讓顧客購買企業的其他產品，讓產品延展到其他地區。

6 E組合策略中，各要素之間不是相互獨立的，它們之間存在著密切的聯繫。在實施體驗行銷時不要孤立地進行，而要考慮各要素之間的聯繫。

第五節　體驗價值分析

體驗價值是顧客經由體驗而獲得的，它不僅包括實物的（比如獎品、贈品等），也包括心理的、認知的等等一些無形的，但是能夠指導其消費的知識。也就是說，顧客的體驗價值具有多重性。

發現體驗價值就是為了增加顧客體驗價值，讓顧客在體驗中有更多的收穫。增加顧客體驗價值的方法有如下幾種：

(1) 增加產品價值。產品是實施行銷的物質載體。增加產品價值，最能帶給顧客體驗價值。增加產品價值的有效方法是進行差異化創新，創新的方法主要有：採用新技術，改進產品的品質、性能、包裝和外觀式樣等。例如不流淚配方的嬌生嬰兒洗髮精，讓父母幫孩子洗髮不再是哭鬧不停的經驗。

(2) 增加服務價值。服務的重要性已經被很多企業所認識，藉由服務增加產品的體驗價值，也是有效的方法之一。例如王品集團旗下的餐廳，以優質的服務品質來提升來為整體用餐體驗價值提升。

(3) 增加品牌價值。品牌是一種無形的資產。品牌不僅是企業的品牌，同時也是消費者的品牌，消費者往往從品牌的體驗中感受到產品的附加價值，從而從感性上淡化產品的價格。BMW 汽車的車價是同級國產車的 2-3 倍，但是在擁有與駕駛 BMW 品牌汽車時所獲得的心裡附加價值，是足以讓消費者願意付出較高的費用來購買這些加值體驗。

星巴克的品牌體驗

　　三合一即溶咖啡的平均售價大約是每杯 4～5 元新台幣，但若是要享受星巴克裏的服務，就得付 90～120 元一杯。對於從未花過 90～120 元來購買一杯咖啡的消費者來說，價格可能是一個問題，但是隨著他們嘗試過星巴克之後，他們的感覺會改變，因為星巴克為顧客提供了一種 "星巴克感受" ——這就是顧客需要購買的體驗價值。

　　為了給顧客增加體驗價值，達到最大滿意，星巴克提供宣傳資料，介紹咖啡的調製方法，各種咖啡的做法，介紹星巴克的歷史以及在世界各地種植的咖啡豆種類。藉由這種服務的方式，星巴克已經成功地實現了在全球開拓市場的戰略目標。

(4) 增加終端價值。就是透過差異化的終端建設，創造超值的購買體驗。終端價值的實現可以藉由產品展示、產品銷售、產品服務、產品資訊和賣場環境、產品推廣等方式實現。我們在行銷學的操作實務都很瞭解，相同的商品在不同的環境下銷售，消費者對於產品的價格認知會有很大的不同，如果某一服飾品牌的目標顧客設定在高收入的都會女性，且價格也設定在較高水準時，將商品陳列在台北的微風廣場、寶麗廣場（BELLAVITA）可能會是比較能夠提升體驗價值的展售環境。

　　體驗價值是顧客感知的，但體驗價值的實現必須由企業提供必要的物質條件。企業只有不斷致力於上述四方面的改進，才能提高顧客體驗價值。

第六節　體驗軸心分析

　　從體驗行銷整合模型圖可以看出，體驗軸心是整個模型的主軸，企業和顧客的一切體驗活動都是圍繞體驗軸心展開的。

　　體驗軸心上的活動主要有體驗設計、體驗實現、體驗管理、效果評量，下面我們對此進行分析。

一、體驗的設計和實現

　　產品需要設計，服務需要設計，體驗也需要設計嗎？是的。體驗設計是體驗行銷的基礎，只有進行體驗設計，體驗行銷才能有的放矢，才能有行銷的物件。然後，藉由體驗行銷的整合策略——"4E+6P"達到體驗的實現。

　　如何進行體驗設計以及如何實現體驗？

(1) 瞭解消費者的心理和需求。消費者的需求就是企業努力的方向。為此企業必須有專責的市場調查單位，負責研究消費者的消費心理和消費需求。最前線的資訊來自消費者，只有掌握這些資訊才能有針對性地實施體驗設計。

(2) 組織專業化的設計團隊。這些團隊成員可以是各行各業的專家，當然他們都是跟你的體驗設計相關的。迪士尼公司的創意設計部是一個由 2200 人組成的智囊團，它專門負責為公司的六個分部推出創新思路。在這批人中，有藝術家，也有許多高薪聘請來的科學家——他們是飛行模擬、人工智慧、認知心理學、神經解剖、數學、神經網路及其他學科領域的專家。這些設計師們的任務是"創造快

樂"，例如虛擬主題公園，讓孩子們能夠在網上神奇地實現對玩具
的願望，等等。

(3) 致力於不斷創新。人們都有求新求變的心理，不斷推出新的體驗項目，
　　是讓消費者長久駐足於我們產品前的法寶。這方面的典型代表是肯德
　　基，肯德基總是不斷推出新的漢堡或者口味不同的雞翅，那些肯德基
　　迷們經常光顧肯德基就是為了第一時間品嘗這些美味。

　　知識要點：卓越設計的十條原則

　　①設計具有創新性；
　　②設計能提高產品效用；
　　③設計具有美學效果；
　　④設計能展現產品的邏輯結構，形式符合功能的需要；
　　⑤設計對競爭對手來說難以模仿；
　　⑥設計具有誠實性；
　　⑦設計具有耐久性；
　　⑧設計具有前後一致性；
　　⑨設計能從生態意識出發；
　　⑩設計應是最小的變動。

二、體驗管理

　　體驗管理貫穿於體驗行銷實施的整個過程中：從體驗設計到體驗實
現，以及體驗結束之後，都存在著企業對體驗的管理。體驗管理的根本目
的就是使企業的經營理念、能力、過程及組織結構與顧客感知的價值因素
相適應。體驗管理包括對體驗行銷策略的支援、現有顧客的體驗管理、潛
在顧客的體驗傳播和行銷系統的體驗時效管理。

(1) 對體驗行銷策略的支持。行銷策略是一個全性的整合目標，它的順利實施和實現需要各部門的配合，需要整個企業的支援。這也是體驗管理的主體內容。

(2) 現有顧客的體驗管理。顧客體驗必須按照企業期望的方向發展，為此企業需要設定體驗情境和體驗事件。而且在體驗過程中一些細節性的或者不在預料中的事情發生時，要求企業必須做出及時的反應。

(3) 潛在顧客的體驗傳播。為了讓潛在顧客轉化為現實顧客，必須進行體驗傳播，傳播過程也需要管理。藉由管理確保顧客體驗資訊及時到達潛在顧客。

(4) 行銷系統的體驗時效管理。行銷系統作為一個整體，同時又是由許多環節構成的，如何讓行銷的系統達到效果最佳？企業必須進行顧客的體驗管理。

三、體驗效果的評量

　　體驗活動的效果是體驗實施者非常關心的。如何對體驗效果進行評量？一般有以下兩種方法。

(1) 顧客滿意度評量法。透過紙本問卷調查、線上調查等方法，詢問顧客對產品或服務體驗的滿意度。另外還可以詢問顧客對體驗活動的意見和建議，以便後續改進。

(2) 產品銷量評量法。就是藉由在體驗活動後的一個週期內，比如一個月，產品的銷售量發生的變化來評定顧客的體驗效果。

　　進行體驗效果評量的方法不盡相同，行銷人員可以採用最方便的方法。

第七節　案例分析：麥卡倫之旅

　　麥卡倫酒廠（Macallan）成立
於 1824 年，是蘇格蘭高地斯佩塞地
區最早獲得許可的釀酒廠之一，其
產品釀造歷史已經超過 300 年。如
今麥卡倫已成為世界五大最暢銷的
麥芽威士卡之一。

　　跟蘇格蘭的許多釀酒廠一樣，
麥卡倫也向參觀者開放生產線。碩大的不銹鋼桶和銅制蒸餾瓶，的確也足
夠漂亮——大概 20 年前，更便於清潔的鋼桶代替了傳統的木桶。生產線末
端加入了複雜的電腦系統，用來鑒別酒的品質。這裏不准拍照，不准開啓
手機，這些規定未必一定有什麼講究，但是它讓人們體會到麥卡倫品牌的
嚴肅性。

　　走進一家知名釀酒廠的酒窖，絕對是一件激動人心的事情。一個一個
橡木桶伸向似乎無窮無盡的暗處，你能在其中發現 30 年前、半個世紀前甚
至更早裝桶的麥卡倫威士卡——為了分散火災風險，每一個酒窖都混藏著
不同年份的酒。

　　酒窖裏掛著提示牌："小聲！威士忌在睡覺。"還有指示牌告訴人們：
每年，蘇格蘭窖藏的威士忌中，有 1 萬加侖揮發至天空中，酒商們視之為
"向天使交稅"。

　　麥卡倫想方設法使自己留在參觀者的記憶裏。它當然不會忘掉自己的
故事。酒廠有一座三層小樓，從 1824 年始建一直保留到了現在。酒廠把它
命名為"麥卡倫小屋"，用於陳列榮譽並款待前來的客人。

麥卡倫將 "麥卡倫小屋" 印在了酒的外包裝上。當客人們離開這裏，日後再在酒廊或商店裏看到它的時候，就會想起那個在 "麥卡倫小屋" 裏度過的日子，想起由蘇格蘭長裙、風笛、威士忌和當地晚餐構成的 "蘇格蘭之夜"。

這種酒廠實地參觀是一種更真實的情境體驗，給顧客留下了更深的體會。比起那些在商場裏佈置推廣場地、在大街上發放傳單的效果要好得多。當然，由於各種原因，這種深入生產基地的情境體驗還存在很多局限性，而且體驗者也是有限的。要根據各種產品和企業的實際情況決定。

第九節 知識點總結

本章重點在討論體驗行銷策略整合的問題。需掌握以下幾個知識點：

知識點一：體驗行銷整合模型

體驗行銷整合模型清晰地表明瞭體驗、企業以及顧客三者之間的關係。它是本章的重點。

知識點二：行銷策略分析

行銷策略分析有利於確定自己的優勢，規避自己的劣勢。體驗行銷中的戰略分析，要從行銷定位和消費者兩個方面進行。

知識點三：體驗行銷的 4P 組合分析

體驗行銷 4P 組合指：體驗產品、體驗價格、體驗地點、體驗推廣。

知識點五：體驗行銷 6E 組合分析

體驗行銷的 6E 組合指 Experience（體驗）、Environment（情境）、Event（事件）、Engaging（浸入）、Effect（印象）、Expand（延展）。6E 組合策略中，

各個 E 並不是相互獨立的,它們之間存在著非常密切的聯繫。

知識點六:體驗價值分析

體驗價值是顧客藉由體驗而獲得的,它不僅包括實物的(比如獎品、贈品等),也包括心理的、認知的等等一些無形的,但是能夠指導其消費的知識。也就是說,顧客的體驗價值具有多重性。增加顧客體驗價值的方法有:增加產品價值、增加服務價值、增加品牌價值、增加終端價值。

知識點七:體驗軸心分析

體驗軸心是整個體驗行銷整合的中軸,體驗軸心上的活動包括體驗設計、體驗實現、體驗管理、體驗效果評量。

第二篇
精心設計顧客體驗

第 **6** 章
體驗行銷的設計流程

如何設計完整的體驗行銷方案？體驗行銷流程設計有哪些步驟？本章將為你做詳細的介紹。

第一節　劃分目標市場

體驗行銷流程設計的第一步就是劃分目標市場。在市場上，由於受到許多因素影響，不同的消費者通常有不同的消費需要和不同的購買習慣。每一種產品都不可能滿足所有消費者的需要，每一家公司也只有以部分特定消費者為服務物件，才能充分發揮優勢，提供更有效的服務和產品。所以必須對目標市場進行劃分，選擇更適合企業和產品的市場進入。

劃分目標市場，就是以市場為導向，依照消費需要、動機、購買行為或其他消費者的特徵差異，來將整體市場切割成若干個子市場。例如可以按照地理區、心理因素、行為因素、年齡、收入、職業，或是追求相似利益的人群、具有相同愛好的人群等因素來劃分。

企業在進行市場劃分時，可採用單一因素來劃分，也可以採用多個因素組合或系列因素進行市場劃分。

(1) **單一因素法**：就是根據影響消費者需求的某一個重要因素進行市場劃分。例如服裝產業會按照年齡來劃分市場，分為童裝、少女、少淑、淑女、熟女。

(2) **多個因素組合法**：就是根據影響消費者需求的兩種或兩種以上的因素進行市場劃分。例如生產鍋爐的工廠，會根據企業規模的大小、用戶的地理位置、產品的最終用途以及潛在市場規模來劃分市場。

知識要點：企業在進行市場劃分時必須注意的問題

第一，市場劃分的因素是動態的。市場劃分的各項標準不是一成不變的，而是隨著社會環境及市場狀況的變化而不斷變化。

第二，不同的企業在市場劃分時應採用不同標準。因為各企業的生產技術條件、資源、財力和行銷的產品不同，所採用的標準也應有所區別。

第二節　選擇目標市場

藉由市場劃分，企業將整體市場劃分為在需求上具有相似性的許多區隔市場，企業要結合自身的優勢和特點選擇適當的區隔市場作為本企業的目標市場。根據不同區隔市場的特徵、競爭環境、自身公司的適應程度和提供體驗式行銷的難易程度，選擇一個或多個目標市場。這些目標市場通常可以建設成為一個或多個體驗社群。

在市場劃分的基礎上，根據企業的經營目標和經營能力，選擇有利的區隔市場便是企業行銷的目標市場。在評估各種不同的區隔市場時，公司必須考慮兩個因素：

①區隔市場結構的吸引力；

②公司的目標和內部的處理事務的能量。

知識要點：選擇目標市場注意事項

首先，公司必須考察這個潛在的區隔市場是否對公司具有吸引力，例如它的大小、成長性、盈利率、規模經濟等；

其次，公司必須考慮對區隔市場的投資是否與公司的目標相一致，某些市場雖然具有很大的吸引力，但它不符合公司的長遠目標，因此不得不放棄；

最後，公司必須考慮自身的資源能力是否能夠支持公司成功地進入該區隔市場，並獲得一定的競爭優勢。如果不能，該區隔市場也應該放棄。

在此，我們提供了五種進行目標市場選擇的方法：

(1) **集中選擇**。集中選擇法就是企業集中全部資源於某一劃分市場，以一種產品滿足一個區隔市場的需要。藉由這種方式，企業能夠在一個適度規模的市場中佔有很高的比例，從而取得強有力的競爭地位。然而，單一市場的風險較大，個別市場出現不景氣狀況或潛在競爭者進入刮分市場都會加大行銷風險。

知識要點：企業實施集中選擇法的條件

資源有限，只能佔領某一個區隔市場；

該區隔市場吸引力較大且尚無有實力與本企業相抗衡的競爭對手；

對於企業未來整個市場的拓展，該區隔市場具有決定性的作用。

(2) **多重選擇**。多重選擇就是當多個區隔市場都符合企業的發展方向、適合企業的資源狀況時，企業將這些區隔市場都作為自己的目標市場。多個區隔市場之間聯繫較少，每一個區隔市場都能夠創造可觀的利潤，同時也分散了風險，因此，這種策略較具優勢。惟一的不足是它容易分散企業的注意力，很可能使得經營者在每一個區隔市場上的功夫做得不夠細。

(3) **產品專門化**。這是基於產品導向劃分下進行的市場選擇。在這種行銷思路下，公司集中生產一種產品，並在該產品方面以各種方式樹立較高聲譽。它的風險在於一旦這種產品被全新的技術所替代，公司將面臨危機。

(4) **市場專門化**。它是指企業集中力量生產銷售某類契合某一區隔市場顧客特殊需求的產品。藉由這種方式，企業可以在某一類顧客群體中創造知名度，同時也可準確瞭解顧客群體的特殊需求，適時跟進產品類型、品質等。這一方式的風險在於如果顧客突然削減經費，公司可能面臨危機。

(5) **完全覆蓋市場**。它是指企業鎖定某一大的劃分市場為目標市場，生產一種或多種產品來滿足這一目標市場的所有需求，全面介入這一市場領域，以圖獲得較大的市場佔有率。這一目標市場選擇往往需要龐大的資源支援，包括資金、經營管理水準等，對企業的實力要求較高，同時經營壓力也較大。

目標市場是公司進行市場劃分的結果，一旦進行了市場劃分，公司的行銷力量就可以集中在不同的目標市場上，使企業利潤上升、市場佔有率擴大。

第三節　建立體驗主題和體驗品牌

針對每個目標市場用戶的不同體驗需求，創造不同的體驗主題和體驗社群，建立體驗式的品牌，為顧客提供量身訂製的服務。

一、建立體驗主題

建立體驗主題要做好以下兩點：

(1) 定位。建立體驗主題的第一步是進行定位，即給體驗進行準確的定位，將最佳訴求傳遞給消費者。"主題化行銷成功的關鍵在於領悟到什麼是眞正令人矚目和令人心動的。"成功的定位一是必須簡明扼要，抓住要點，不求說出產品全部優點（但要以產品眞正優點爲基礎），但求說出相異點。二是應能引起消費者共鳴。三是定位必須是能讓消費者切身感受到的，如不能讓消費者作爲評定品質的標準，定位便失去了意義。

(2) 挖掘新鮮元素。定位找好了，接下來就是要挖掘新鮮體驗元素來作爲主題。設計精煉的主題，這是邁向體驗之路的關鍵一步。要從顧客心理需求分析和產品心理屬性出發，進行主題的發掘。好的主題一般有五大標準：

① 具有誘惑力的主題才能調整人們的現實感受。

② 豐富有關地點的主題，影響人們對空間、時間和事物的體驗，改變人們對現實的感受。

③ 具有魄力的主題，讓空間、時間和事物相互協調爲一個不可分割的整體。

④ 多景點佈局可以深化主題。

⑤ 主題必須與產品或服務性質相協調。

微型案例　**不同的體驗定位**

迪士尼樂園的特色定位"人們發現快樂和知識"的綜合性主題公園；九族文化村利益定位"台灣原住民發展"的主題公園；日本鹿園使用定位"專爲參加短時間、快節奏娛樂活動提供服務"的公園；麗寶樂園的使用者定位"海陸一次玩足"的樂園。

資料來源：麗寶樂園官網

二、建立體驗品牌

消費者購物不僅僅是購買產品或服務本身，而且還要購買一種體驗，品牌同樣也是體驗的提供者。品牌在表面上是產品或服務的標誌，代表著一定的功能和品質，在較深的層次上則是對人們心理和精神層面訴求的表達。為什麼有人願意花更多的錢買名牌服裝？為什麼有人喜歡名貴轎車？這就是品牌的力量！名牌給他們提供了展示地位身份的機會。企業要設法將體驗融入品牌之中。

品牌體驗著名的例子當屬可口可樂。人們在飲用可口可樂時，喝的不僅是可樂本身，更是在體驗一種品牌──可口可樂這一有著一百多年歷史的老牌子。可口可樂已經成為美國文化的象徵。

關於品牌塑造在前面已有論述，而品牌體驗後面還有專章論述，在此不再贅述。

第四節　設計體驗式的商品和服務

商品和服務是實施體驗行銷的物質載體，是表達體驗因素的道具。關於設計體驗產品，在第九章的"產品呈現"一節中將有詳細論述。在此，主要討論如何設計體驗式服務。

(1) **體驗即服務**。從某種程度上來說，體驗就是一種服務。它藉由設置"體驗環境、提供體驗商品或服務等，讓消費者在體驗活動的「劇情」中感受企業或產品。王品集團旗下的餐廳所提供的都是體驗服務。

(2) **著眼於顧客的需求**。設計體驗服務要站在顧客的角度去審視自己提供的服務，注重與顧客之間的溝通，發掘他們內心的渴望。當顧客十分口渴的時候，過去的服務提供可能就是給顧客一杯水，而不管顧客是希望喝白開水還是礦泉水或是可口可樂。體驗式服務則不僅要滿足顧客口渴想喝水的需要，還要藉由與顧客的溝通，瞭解顧客對水的喜好和偏愛，滿足他們內心的渴望，也就是讓顧客在接受商品時，能體驗到企業理解他、尊重他和體貼他的良苦用心。

(3) 設計體驗情境。設計體驗式服務要真正瞭解什麼刺激可以引起某種情緒，以及能使消費者自然地受到感染，並融入這種情境中來。新加坡航空公司以帶給乘客快樂為主題，營造了一個全新的航空體驗。該公司制定嚴格的標準，要求空姐應如何微笑；並製作快樂手冊，要求以什麼樣的音樂、什麼樣的情境來創造快樂。藉由提供出色的顧客服務，使得新加坡航空公司成為了世界上前十大航空公司和獲利最多的航空公司之一。

不同的服務行業，要根據行業和企業的實際情況設計體驗服務。體驗服務的設計最主要的是要從顧客的角度出發，因為只有顧客滿意的才是最好的。

第五節　設定體驗式的定價

產品價格的制定也是一門藝術，包含著表達顧客體驗的成分，在產品的價格中應充分體現體驗的成分。當產品包含體驗成分時，企業就可以對產品收取更高的費用。

在化妝品的銷售額中，每 100 元只有 8 元被用來支付原料費用。是什麼理由驅使消費者願意支付原料之外的 92 元呢？這是因為消費者購買的不僅僅是產品本身，更是一種心理體驗，也就是品牌帶來的體驗、購買過程中的體驗等。

那麼，在體驗行銷中該如何實施體驗定價策略呢？要藉由消費者心理體驗定價策略、產品功能分解定價策略、產品生命週期定價策略、折扣定價策略這四個方面來實現。

一、消費者心理定價策略

這是一種根據消費者心理而使用的定價策略，它運用心理學的原理，依據不同類型的消費者在購買商品時的不同心理需求來制定價格，以誘導消費者增加購買，擴大企業銷量。

(1) **聲譽價格策略**。根據某些消費者有聲譽價格的心理，企業定價時應對這部分商品制定一種足夠排除一般消費者購買的高價，這樣能給這部分消費者帶來一種經濟富有且社會地位高的自豪感，使其自尊需要得到滿足。

微型案例　**基於聲譽心理的定價**

雪茄公司大衛杜夫所生產的火柴每盒僅有 40 根，但它頗能迎合那些追求雅致生活的雪茄鑒賞家們的心理，以至於他們情願為一盒這樣的火柴支付 3.25 美元的高價。

---

(2) 尾數定價策略。尾數定價策略是指企業故意為商品制定一個與整數有一定差額的銷售價格，使顧客從心理上感覺產品很便宜，從而購買的策略。比如，同一種商品標價 99 元一定會比標價 100 元銷售量要好。因為在大多數消費者看來，帶有尾數的價格給人較為優惠的感覺。這種購買心理成為尾數定價的主要依據。

(3) 習慣定價策略。有些商品的市場價格基本已經固定下來，定價時不宜改變那些約定俗成的價格。例如鋼材、水泥等原材料。

體驗就是一種心理的反應，所以消費者心理定價策略在體驗行銷中的應用比較廣泛。

二、產品功能分類定價法

所謂功能分類定價法，就是將產品的諸多功能模組進行分類或組合，從而使產品在功能上有所不同，由功能單一到功能多樣化、個人化，在價格上由低價、中價、高價組成一個價格體系，從而給客戶更多的產品選擇和價格選擇。功能分類定價法是從客戶需求角度出發，儘量使客戶根據自己的實際需要付費，對那些客戶不適用的功能可以剔除，真正使客戶花錢買到實惠。功能分類定價法又類似於產品線定價法，都是將公司產品線上不同產品的功能屬性和價值分檔，劃分出低、中、高三種價格區間。最常見為汽車的銷售，同一車款經常會依配備的多寡區分成多種規格。

微型案例　功能分類定價

很多酒店將客房分為高、中、低不同的水準，不同水準的客房設施和服務也不相同，高水準的客房定價會貴些，水準略低的客房定價會便宜點。客人可以根據自己的實際情況進行選擇。這就是一種功能分類定價法。

不同顧客的需求是不同的，產品功能分類定價從顧客需求出發，更加符合顧客心理，更能給顧客所期望的體驗。

三、產品生命週期定價策略

產品生命週期定價策略，就是指企業根據商品所處市場生命週期的不同階段來制定價格的策略。這一定價策略主要是根據不同階段的成本、供求關係、競爭情況等變化特點以及市場接受程度等因素，採取不同的定價策略，以增強產品的競爭能力，擴大市場佔有率，為企業爭取盡可能大的利潤。一般採取的方法是新產品走高價路線、二線產品走中價路線、三線產品走低價路線。

四、折扣定價策略

折扣定價策略指企業在一定的市場範圍內，以目標價格爲標準，根據買者的具體情況和購買條件，以某種優惠爲手段，刺激銷售業者更多地銷售本企業產品的一種價格策略。具體可分爲數量折扣、季節折扣、付現折扣和業務折扣等。

第六節　籌畫展示產品體驗的活動

對於體驗行銷來說，很重要的一點是怎樣將你的體驗產品展示給顧客，這就涉及到籌畫展示活動的問題了。作爲體驗式行銷的重要環節，我們必須建立展示體驗的推廣舞臺，使用戶能夠在他方便接觸的地方，有嘗試這種體驗的環境和舞臺。在這種推廣活動中，單純的電視、平面和廣播廣告的作用是十分有限的。必須大力加強戶外活動、店內促銷等形式的促銷活動，而且這種促銷活動與過去傳統意義上的類似活動也是有明顯區別的。它更側重於營造一種體驗環境，以便讓客戶藉由相關體驗來激發購買欲望。

產品體驗展示活動方式多樣，比如建立花蓮海洋公園等主題公園，建立熱帶雨林等主題餐廳，還可以舉辦形式多樣的體驗促銷活動。

一、產品展示、促銷活動

這是一種經常可以看到的產品體驗展示活動，一般規模不會很大，往往在超市的產品試吃、百貨公司化妝品的試用，目的是促進銷售。

二、體驗店

體驗店，顧名思義，就是讓消費者親身體驗產品的零售終端實體，規模一般小於旗艦店。目前的體驗店主要分爲兩種形式：一種是不帶銷售功能的體驗店，另一種是含銷售功能的體驗店。前者一般爲供應商自己建立，後者普遍是由經銷商所建立。

第七節　建立體驗式行銷團隊

作爲一種新的行銷方式，如何更有效地開展體驗行銷活動，需要行銷人員的開拓創新，思想意識的超前性、自身素質的綜合性，以及特殊才幹，比如一定的審美能力、與客戶互動的掌握等。

在體驗式行銷中，營業員和銷售人員的角色發生了很大的變化，他們更像是演員，他們的銷售場所則更像是舞臺或者劇場，他們是根據一定的要求或者腳本在表演。這時候的用戶就變成了觀眾，表演的目的是讓這些觀眾參與，也成爲演員之一。因此，基於這樣的需要，企業應注重對行銷人員能力和素質的培養，從而達到讓顧客進行全面體驗的目的。

一、員工內部體驗

開展體驗行銷，企業要以滿足消費者的個性化需求爲中心，對顧客的需求進行全方位的整體體驗，其中，人是關鍵因素。因此，企業必須要建立一支忠誠而有效的員工團隊。爲此，企業可以把對員工的關係看成是一次對內的體驗行銷過程，從而找出辦法滿足他們的特殊需求。因爲，企業在相當程度上是依賴員工去進行體驗的即時創造和傳遞的。無論體驗主題再明確、體驗設計再完美，往往卻會因員工的一次疏漏或怠慢而大大影響體驗的效果，甚至將體驗全盤破壞。

微型案例　星巴克的員工體驗

在星巴克，員工對顧客親切、熱情和關心的態度是構成獨特的星巴克體驗的主要成分。那麼，員工為什麼會如此傾心投入呢？在員工進入公司之初，都要親自感受和領會星巴克體驗的精髓，並接受有關咖啡豆和咖啡的知識、服務要領、語言技巧等方面的嚴格培訓。這樣，在新員工被正式允許向顧客提供咖啡服務的時候，他已經被完全薰陶成了一個"星巴克人"。

二、培養體驗文化

培養體驗文化，塑造體驗行銷理念。企業文化具有強大的導向作用，對企業及企業成員的發展將產生深遠的影響。對於企業來講，理念的落後才是真正的落後。因而培養良好的體驗文化、塑造先進的體驗行銷理念，使其深入企業的每一個角落、深入每一名員工的心裏，企業的體驗行銷策略才能真正執行下去，才會有成果。

三、培養高素質的員工

高素質的員工是任何企業都需要的。對於體驗行銷來說，員工除了要掌握必要的行銷知識，比如產品知識、企業知識、銷售技巧等，還要瞭解體驗行銷的相關知識，比如體驗行銷更加關注人性化的東西，體驗行銷強調顧客的參與，體驗行銷要有體驗主題，體驗行銷要塑造正面形象、消除負面影響等。只有掌握了相關知識，才能更好地實施體驗行銷。

第八節　建立體驗式的顧客關係管理系統

20 世紀 90 年代，美國的 GE 擁有了世界上最大的 "客戶記錄資料庫" 和 "解決問題資料庫"，儲存客戶檔案 3500 萬份，幾乎是美國家庭數的 1/3。這些資料成爲 GE 設計、開發顧客個性化需求產品的依據。

現代電腦技術和網路技術的發展使得這一切變得可能。我們必須藉由和各種客戶的接觸，瞭解到客戶的個人偏好，並將這些偏好記錄到我們的顧客關係管理系統，以便所有和客戶接觸的人都能瞭解到這些偏好，從而爲客戶提供有針對性的個性化的服務組合。

同時，企業方的市場研究人員，也將不斷對這些資訊進行整理和分類，以不斷地調整細分市場，調整大規模訂製化服務的組合，以使目標用戶有更好的體驗。

所有這一切的前提，都和企業的顧客關係管理系統密不可分。

顧客關係管理，是指一個公司在設計它的市場行銷策略和行銷體系時集中注意力於顧客發展，及向顧客傳遞最優越的價值管理。藉由建立完善的客戶支援平臺、客戶交易平臺、企業生產平臺，最大限度地實現顧客交換價值和顧客享受價值，以使公司潛在客戶變成現實客戶、使現實客戶變成忠誠客戶，不斷拓展產品的市場和利潤空間。目前，國內外著名的跨國公司，例如賓士汽車、acer、hTC、豐田、海爾集團等都不約而同地重新建構了自己的供應鏈管理體系和組織結構，把建立與本企業資源相吻合的顧客關係管理系統作爲當前構築企業競爭力的新支點。

(1) 構建客戶支援平臺。客戶支援平臺是顧客關係管理體系的核心部分，著重於客戶資料的採集和分析，藉由對各個管道的客戶歷史資料以及線上資料的採集和分析，協助企業更好地瞭解客戶並將獲得的客戶有效資訊運用到客戶服務、市場行銷、生產計畫等各個方面。企業的客戶支援平臺主要包括三個方面：客戶資訊採集、客戶知識獲取和客戶知識運用。

(2) 構建客戶互動平臺。客戶互動平臺，是為企業運用客戶知識提供個性化服務、提高客戶滿意度、增加市場行銷機會、提高管理水準的平臺。具體包括：銷售自動化、市場行銷自動化、智慧型電話服務中心、智慧化管理監控、個性化服務等等。

(3) 構建企業生產平臺。企業生產平臺是實現以客戶為中心的顧客關係管理體系的物質基礎，具體包括：研發、採購、庫存、生產、行銷、財務、人力資源。這些業務環節均以滿足客戶為中心，其體制與內容以對市場和客戶變化快速反應為核心和出發點。

第九節　案例分析：星巴克與中國網通合作

2004 年 7 月，星巴克與中國網通宣佈，大陸京津地區大約一半的星巴克店面將為顧客提供 "無限伴旅" 的 WI-FI 服務。

星巴克被許多商務人士稱為家庭和辦公室之外的"第三空間"。在現代城市高節奏的工作氛圍下，許多人去星巴克不僅僅是為了一杯咖啡，而且是為了享受一種心情，擺脫一種束縛。也有許多人喜歡在星巴克的氛圍中相聚，使交流更為融洽；而對於一些商務人士來說，能擁有星巴克這樣一種別樣風情的工作環境也是非常愜意的事情。所以，星巴克更多的時候以一種文化的姿態出現。早在 2002 年 8 月，星巴克就在近一千家分店推出了高速無線網路服務；2004 年 7 月，中國網通與星巴克合作推出"無限伴旅"服務。

"漫縱情懷，伴旅無限"，對於中國網通來說，是一個聯合優質品牌經營網路業務的良好模式。

星巴克不僅為顧客提供一系列獨一無二、美味可口的咖啡飲品，它還構建了一個遠離家庭和辦公室之外的無線上網空間。在擁有高速無線網路的星巴克咖啡店中，顧客只需要一台支援無線網路功能的筆記型電腦，就可以在網路上查看電子郵件、上網瀏覽、觀看影音頻道或者是下載檔案。

中國網通與星巴克的合作，起源於雙方對於商務人士服務的共同目標。星巴克和中國網通推出這一服務正是基於市場劃分。在此基礎上，根據業務特徵，確定劃分用戶市場的依據，評估每個劃分用戶市場的吸引力，為每個劃分用戶市場定位，區分不同用戶服務等級和水準，以此制定不同的服務模式，可以增強無線寬頻業務的吸引力，使更多的消費者接觸並真正使用無線寬頻業務。

第十節　知識點總結

本章主要討論了體驗行銷設計的流程。需要重點掌握以下幾點知識：

知識點一：劃分目標示場

體驗行銷流程設計的第一步就是劃分目標示場。每一種產品都不可能滿足所有消費者的需求，每一家公司也只有以部分特定消費者為服務物件，才能充分發揮優勢，提供更有效的服務和產品。所以必須對目標市場進行劃分，選擇更適合企業和產品的市場進入。劃分目標市場的方法有：單一因素法、多個因素法。

知識點二：選擇目標市場

根據不同目標市場的特徵、競爭環境、自身公司的適應程度和提供體驗式行銷的難易程度，選擇一個或多個目標市場。這些市場通常可以建設成為一個或多個體驗社群。

知識點三：建立體驗主題和體驗品牌

針對每個目標市場用戶的不同體驗需求，創造不同的體驗主題和體驗社群，建立體驗式的品牌，為顧客提供量身訂製的服務。

知識點四：設計體驗式的商品和服務

商品和服務是實施體驗行銷的物質載體，是表達體驗因素的道具。體驗式商品和服務的設計，一方面是設計產品，另一方面是設計顧客參與。本節主要講的是後者。

知識點五：設定體驗式的定價

產品價格的制定也是一門藝術，包含著表達顧客體驗的成分，在產品的價格中應充分體現體驗的成分。

知識點六：籌畫展示產品體驗的活動

作為體驗式行銷的重要環節，我們必須建立展示體驗的促銷舞臺。使用戶能夠在他方便接觸的地方，有嘗試這種體驗的環境和舞臺，也就是籌畫展示產品體驗的活動。

知識點七：建立體驗式行銷團隊

企業應注重對行銷人員能力和素質的培養，從而達到讓顧客進行全面體驗的目的。建立體驗式行銷團隊可以從以下幾個方面考慮：員工內部體驗、培養體驗文化、培養高素質的員工。

知識點八：建立體驗式的顧客關係管理系統

建立完善的顧客關係管理系統，掌握詳盡的客戶資料，為客戶提供更好的體驗。

第 7 章
體驗行銷設計策略

體驗行銷也需要設計，體驗行銷的設計就如同文學創作一樣，
需要撰寫體驗劇本。本章將主要介紹體驗的創造方法。

第一節　體驗的創造方法

體驗的創造就是撰寫體驗故事的劇本。體驗的創造方法很多，下面我
們簡單介紹幾種。後面幾節我們會詳細地介紹幾種比較重要的方法。

一、提供紀念品

在旅遊過程中，為遊客提供景區的小冊子，發送統一的紀念章、紀念
帽等已不是新鮮事。例如，在台北著名景點「故宮博物院」的商店裏，提
供了很多關於它的明信片、景點介紹書、相關故宮衍生商品給遊客購買作
為紀念。

微型案例　　紀念品體驗

　　希爾頓飯店的一個做法是在客房浴室放置一隻造型可愛的小玩具鴨子，客人大多愛不釋手，並帶回家給家人做紀念。於是這個不在市面上銷售的贈品為酒店贏得了很好的口碑，這就是利用紀念品完成顧客體驗的應用。

　　各個旅遊景點都有各種各樣的紀念品出售：奧運會、世界盃足球賽期間，紀念品的銷售帶來了可觀的收入。這些紀念品可能是明信片、T恤、當地的特產。相同的東西，只因為加上了"紀念品"三個字，就立即價值倍增，可

2012 年倫敦奧運

能要比相同的產品貴出很多。但是，這並不能阻礙人們購買的熱情。

　　人們為什麼熱衷於購買紀念品呢？因為這些紀念品能夠帶給人們難以忘懷的體驗。明信片能夠引起對某個旅遊景點的美好回憶；印著奧運五環標誌的 T 恤提醒著自己與朋友 "我曾經到過倫敦奧運的現場"。

二、感官刺激

　　適當地刺激顧客的視覺、聽覺、嗅覺、觸覺等以給顧客留下難忘的印象。感覺越特別、越深刻就越難忘。以旅遊景點為例，台灣南投九族文化村裏風格各異的各原住民族表演令人大開眼界，台灣宜蘭明池國家森林遊樂區的寧靜景色令人心曠神怡。

三、將教育融入體驗之中

還記得前面提到的美國加州的那個兒童樂園嗎？在樂園裏，孩子們在遊戲中學習各種技能。這就是教育和體驗的完美結合。作為體驗的創造者，要有這樣一種意識：要讓體驗者從體驗中學到點什麼東西，而且要有好的方法能夠讓人們全身心地投入進去。

四、不斷創新

顧客曾經為了一個較低花費的標準化商品而放棄自己的獨特要求，但是這種情況不會持續下去。公司必須要有效地而且是系統地減少因為提供那些標準化商品和服務而使每一個獨特的顧客蒙受的損失，這些標準化被理想地認為是顧客的一般要求。顯而易見的是，不會存在有一種普遍使用的策略可以使所有顧客蒙受的損失都減少。實際上，顧客的損失總是存在的。每一種都可能使遊客對公司商品的整體消費體驗產生負面印象，要消除它們中的任何一種都需要不斷採取措施。某一種產品體驗是不能長期存在的，人們並不喜歡一成不變的東西，因此體驗必須不斷創新，如此才能夠保持企業和產品的吸引力。

五、產品因為少才更珍貴

俗話說："物以稀為貴"，這一道理也可以運用到體驗行銷領域。商家可以藉由限量生產的方式，限制產品的數量，從而在消費者當中產生一種很難擁有的感覺。這種感覺往往刺激他們更加渴望擁有這些產品。

第二節　確定主題

體驗式行銷是從一個主題出發並且所有服務都圍繞在這個主題，或者其至少應有一個"主題道具"（例如主題博物館、主題公園、主題遊樂區或以主題爲設計導向的一場活動等）。所以，體驗行銷必須確定一個主題。

體驗主題是把體驗活動概念化，便於消費者對體驗活動快速有效地理解和記憶。體驗主題必須是體驗活動價值的高度概括，同時是企業整體形象和品牌的反映。制定明確的主題可以說是經營體驗的第一步。如果缺乏明確的主題，消費者就抓不到主軸，就不能整合所有感覺到的體驗，也就無法留下長久的記憶。體驗主題一旦設立，體驗環境與體驗活動都必須圍繞主題來展開。

確定體驗主題要善於挖掘新鮮體驗元素作爲主題。要創造令人難忘的體驗，行銷人員必須能夠跳出企業既有的資源與框架，從更廣泛的層面進行橫向與縱向的聯繫，這樣才能不斷推出吸引顧客的體驗項目。無論企業體驗主題源自於何處，主題化體驗成功的關鍵都在於什麼是眞正令人矚目和驚心動魄的。一般而言，好的體驗主題有以下標準：

(1) 具有誘惑力的主題必須調整人們的現實感受；
(2) 好的主題，能夠藉由影響顧客對空間、時間和事物的體驗，徹底改變顧客對現實的感覺；
(3) 體驗主題必須將空間、時間和事物協調成一個不可分割的整體；
(4) 多景點佈置能夠深化主題；
(5) 體驗主題必須符合企業本身的特色。

體驗主題的應用越來越多，主題餐廳是一個典型的例子。人們在品嘗美味佳餚的時候，也逐漸開始注重用餐環境的文化氛圍與個性化。主題餐廳別於一般餐廳所令人印象深刻的，就是它的用餐環境。它往往圍繞一個特定的主題對餐廳進行裝潢，甚至飲食也與主題相配合，以營造出一種或溫馨、或神秘，或懷舊、或熱烈的氣氛。

熱帶雨林主題餐廳（Rainforest Cafe）

　　源自於美國的熱帶雨林餐廳（Rainforest Cafe）是世界上最出色的主題餐廳之一。不過人們更關注的是這裏的環境，餐廳運用現代高科技手段逼真地再現了熱帶雨林的原始自然風貌：一群群加勒比海的熱帶魚在水晶般的大池中穿梭，充  滿活力動感的鳥兒和流水在渾若天然的生存環境中悠遊。人們在這野趣盎然中品嘗著從墨西哥、加勒比海地區、美國南部路易斯安那州以及亞洲精選的各色美食。這種奇特的感覺正是該餐廳所要傳遞的主題。

復古體驗

　　拉斯維加斯的購物中心廣場是成功展示主題的例子。它以古羅馬集市為主題，從各個細節展現主題。購物中心鋪著大理石地板，有白色羅馬廊柱、仿露天咖啡座、綠樹、噴泉，天花板是個大銀幕，其中藍天白雲的畫面栩栩如生，偶爾還有打雷閃電，模擬暴風雨的情形。

　　在集市大門和各入口處，每小時都有人扮成凱撒大帝與其他古羅馬士兵，使人感覺彷彿重新回到了古羅馬的街市。古羅馬主題甚至還擴展到各個商店，例如：珠寶店用捲曲的花紋、羅馬數字裝潢，掛上金色窗簾，營造出富裕的氣氛。購物中心 1997 年每平方英尺的營業額超過 1,000 美元，遠高於一般購物中心 300 美元的水準，這表明了體驗主題的巨大價值。

　　成功的體驗主題就應像購物中心廣場一樣，簡潔明確而引人入勝，而不是企業的目標陳述或行銷廣告語。體驗主題無須貼在牆上或掛在嘴上，但必須帶動所有的設計與活動，朝向一致的故事情節，吸引消費者。

第三節　以正面線索塑造印象

　　主題是體驗的基礎，它還需要塑造令人難忘的印象，因此必須製造體驗的線索。線索構成印象，在消費者心中創造體驗。而且每個線索都必須支援主題，與主題相一致。

　　正面線索塑造正面印象，負面線索帶來負面印象。要想讓客戶對你的產品情有獨鍾，就必須製造正面的線索。什麼樣的線索是正面線索呢？這些線索貫穿於產品性能、服務水準、體驗環境和體驗過程中。例如，走進一家餐館，窗明几淨，服務人員熱情大方，肯定能給人留下正面印象。如果餐館的服務人員穿著帶有油漬的衣服、餐桌上有前面顧客吃飯留下的污漬，那麼，不管它的飯菜如何可口，你都不會吃出香味來。所以在體驗的每一個環節，都應設計能給顧客留下良好印象的正面線索。

微型案例　設計正面線索

　　華盛頓特區的一家咖啡連鎖店以結合舊式義大利濃縮咖啡與美國快節奏生活為主題。咖啡店內裝潢以舊式義大利風格為主，但地板瓷磚與櫃檯都經過精心設計，讓消費者一進門就會自動排隊，不需要特別標誌，也沒有像其他速食店拉起像迷宮一樣的繩子，破壞主題。這樣的設計同時也傳達出寧靜環境、快速服務的印象。而且連鎖店也要求員工記住顧客，常來的顧客不必開口點菜，就可以得到他們常用的餐點。

　　正面線索可能是整體的形象，但更多的是一些細節的東西。事實上，每一個小動作，都可以成為線索，都可以幫助創造獨特的體驗。餐廳的接

待人員說"讓我為您帶位"，並不是特別的線索。但是，熱帶雨林餐廳的接待人員帶位時說"您的冒險即將開始"，就構成了開啟特殊體驗的線索。此外，建築的設計也是很重要的線索。消費者將車停在購物中心消費時，消費完後，經常會找不到自己的愛車停在偌大停車場的哪裡，而芝加哥歐海爾國際機場的停車場則是設計成功的例子，歐海爾國際機場的每一層停車場，都以一個芝加哥職業球隊為裝飾主題，而且每一層都有獨特的標誌音樂，讓消費者絕對不會忘記自己的車停在哪一層。

第四節　消除負面線索

要塑造完整的體驗，不僅需要設計一層層的正面線索，還必須消除、降低、轉移主題的負面線索。因為負面線索會對顧客的體驗產生負面的影響。

我們來看幾個負面線索的例子：

有些速食店在垃圾箱的蓋子上寫上 "謝謝您" 三個字，它提醒消費者自行清理餐盤，但這也同樣透露著 "我們不提供服務" 的負面資訊。一些專家建議將垃圾箱變成會發聲的吃垃圾機，當消費者打開蓋子清理餐盤時，就會發出感謝的話。這樣就消除了負面線索，將自助變為餐飲中的正面線索。

有時，破壞顧客隱私的 "過度服務"，也是破壞體驗的負面線索。例如，飛行中機長用擴音器宣佈和介紹："台北市就在右下方，台北是台灣最大的……" 這樣的服務只是打斷了乘客看書、聊天或休息，就是失敗的例子。如果機長的廣播改用耳機傳送，讓乘客可以選擇接收或不接收這樣的服務，就能消除負面線索，創造更愉悅的體驗。

第五節　充分利用體驗工具

體驗工具包括交流（或溝通）、產品展示、空間環境、視覺與口頭的識別、電子媒介等。我們將在第九章詳細地介紹體驗工具，在此只簡單闡述一下。要充分利用企業資源，將各種工具進行全方位的組合運用，讓消費者充分暴露在企業提供的氛圍中，主動參與到設計的事件中來，從而完成"體驗"的生產和消費過程。因為只有消費者的主動參與才是體驗行銷的根本所在。

我們來看看前述的熱帶雨林餐廳，分析一下在它的運作過程中是如何將各種工具結合在一起的。熱帶雨林主題餐廳以設計師的靈感設計與高科技的手段相結合，營造出逼真的熱帶雨林生態環境：茂密的叢林鬱鬱蔥蔥，奇異的花草點綴其間，棲息在叢林中的大象，猿猴、鸚鵡、蟒蛇、樹蛙等各種動物形象逼真，在此就餐，耳畔時時傳來鳥叫，有時天空還會電閃雷鳴。熱帶雨林主題餐廳設有購物區、酒吧和餐廳，以墨西哥、加勒比海地區和美國南部路易斯安那州荼肴為主，兼營世界各地的美食佳餚。餐廳還組織和開展各種活動，出售極富熱帶雨林特色和樂趣的各種設計新穎的紀念品。

藉由以上描述，我們不難發現在熱帶雨林主題餐廳的行銷過程中運用到了空間環境這項工具——餐廳內部的裝潢與設計；產品呈現——產品的展示；溝通——組合和開展各種活動，是一種與顧客之間的溝通；視覺與口頭的識別——"熱帶雨林"這個名字就能讓顧客感知到它的主題，是一個很好的名稱。

我們再看看星巴克。星巴克制勝的關鍵就是其輕鬆溫馨的氛圍、雅致的聚會場所以及創新的咖啡飲用過程。正是這些有形或無形的體驗工具把星巴克咖啡變成了一種情感經歷，將普通人變成了咖啡鑑賞家，充分挑動了消費者的積極性，使這些人認爲一百多元台幣一杯的高價咖啡也合情合理。它同樣用到了空間環境、產品展示、溝通、視覺與口頭的識別等各種體驗工具。

　　體驗行銷的實施肯定離不開對體驗工具的運用。體驗工具的運用也不是獨立的，每一體驗行銷方案的創作都要涉及幾種體驗工具。體驗工具的綜合運用可以使體驗行銷收到更好的效果。

第六節　整合多種體驗的創造方法

　　前面我們講了多種體驗的創造方法，包括提供紀念品、感官刺激、不斷創新、確定主題、以正面線索塑造形象、消除負面線索、利用體驗工具等。各個體驗策略並不是孤立的，一個體驗行銷方案的實施不止用到一種體驗的創造方法，企業要善於整合多種體驗的創造方法，不斷地推陳出新，增強體驗效果。

　　我們還是以熱帶雨林餐廳爲例進行說明。

微型案例　多種體驗行銷方法的運用

　　讓我們先領略一下熱帶雨林餐廳的自然風光吧：茂密的森林，鬱鬱蔥蔥的灌木，色彩絢爛的奇花異草。大象、猿猴、鸚鵡、樹蛙等熱帶雨林動物不時發出聲音。其實這一切都是高科技手段所爲，但是卻栩栩如生，給人以身處熱帶雨林的感覺。更奇妙的是，當你正陶醉在這逼真的世界裏時，忽然間雷電交加、電閃雷鳴。而雷電暴雨過後，群星閃爍的夜空更加美麗。

　　熱帶雨林餐廳還附帶一個購物廣場，所賣的物品都是以熱帶雨林爲主體和標誌的時尚商品，如旅遊紀念品、小食品、服裝、鞋帽、文具、玩具等。顧客在飯後順便買一些具有典型意義的小商品作為紀念，既滿足了食欲又有紀念意義。

熱帶雨林餐廳有一個許願池，所有投在許願池裏的硬幣都將被收集起來捐給世界環保組織。一株古老的翠絲樹，會向人們呼喚："再不保護我，過不了幾年，你們在地球上就看不到我了！"，教育顧客和兒童要保護環境和野生資源。

在熱帶雨林餐廳的體驗行銷方案中，主題是顯而易見的，它所有的活動都是圍繞"熱帶雨林"進行的。餐廳附帶的購物廣場，是提供紀念品的場所，這是提供紀念品的創作方法。餐廳裏的熱帶動植物、雷電暴雨，給顧客感官上的刺激，屬於感官刺激的創作方法。許願池的硬幣捐給世界環保組織、翠絲古樹的呼喚，教育顧客要保護環境。前面提到的熱帶雨林咖啡廳的接待人員帶位時說"您的冒險即將開始"，又是一種以正面線索塑造印象的創作方法。

在這一個體驗行銷案例中一共用到了五種創作方法：主題、提供紀念品、感官刺激、教育顧客、正面線索塑造正面印象。

多種方法的組合運用才能創造出一個完整的體驗行銷方案，具體選擇哪些方法要根據各企業和產品的特點來決定。

第七節　案例分析：高雄義大遊樂世界的希臘體驗

義大遊樂世界是以希臘情境為主題的樂園，並結合園區內的購物中心、度假飯店，成為台灣最熱門的旅遊景點之一。該主題由希臘古城大衛城、愛情海聚落聖拖里尼山城，以及木馬屠城的特洛伊城堡所組成三個主題區組

成。

　　園區內有全台數目最多最新的 47 項遊樂設施。並有豐富體驗項目，包含有 (1) 遊樂設施，(2) 主題景觀，(3) 主題表演，(4) 主題活動，(5) 主題故事，(6) 美食購物。

　　主題公園（Theme Park）概念由美國迪士尼公司率先提出，旨在讓人們進入公園進行休閒、娛樂的同時，藉由切身的參與，從而享受身心愉悅和值得記憶的體驗。

　　作為一種參與型旅遊產品，主題公園的本質屬性就是為旅遊者帶來美學和愉悅的感受。因此，能否給遊客帶來美好的體驗是關係到主題公園後續發展的關鍵。而體驗行銷觀念的引入能引導主題公園更新觀念，真正以顧客體驗為導向，選擇有創意的主題 ，開發個性鮮明的旅遊產品，從而在激烈的市場競爭中立於不敗之地。

第八節　知識點總結

　　本章討論體驗的創造的方法。下面幾個知識點需要重點掌握：

知識點一：體驗的創造方法

　　體驗的創造的方法很多，本節主要介紹了提供紀念品、感官刺激、將教育融入體驗之中、不斷創新、限量提供產品五個方法。

知識點二：確定主題

　　體驗主題是把體驗活動概念化，便於消費者對體驗活動快速有效地理解和記憶。體驗主題必須是體驗活動價值的高度概括，同時是企業整體形象和品牌的反映。制定明確的主題可以說是經營體驗的第一步。確定體驗主題要善於挖掘新鮮體驗元素。

知識點三：以正面線索塑造印象

主題是體驗的基礎，它還需要塑造令人難忘的印象，因此必須製造體驗的線索。線索構成印象，在消費者心中創造體驗。而且每個線索都必須支援主題，與主題一致。

知識點四：消除負面線索

要塑造完整的體驗，不僅需要設計一層層的正面線索，還必須消除、降低、轉移主題的負面線索。負面線索會對顧客的體驗產生負面的影響。

知識點五：充分利用體驗工具

體驗工具包括交流（或溝通）、產品展示、空間環境、視覺與口頭的識別、電子媒介等。充分利用企業資源，將各種工具進行全方位的組合運用，讓消費者充分暴露在企業提供的氛圍中，主動參與到設計的事件中來，從而完成"體驗"的生產和消費過程。

知識點六：整合多種體驗策略

一個體驗行銷方案的實施不止用到一種體驗的創造方法，企業要善於整合多種體驗的創造方法，不斷地推陳出新，增強體驗效果。

第 8 章
設計顧客接觸點

　　體驗過程中與顧客的接觸是實施體驗行銷的一個基本條件。接觸是指發生在公司和顧客之間的動態的資訊和服務的交換——服務人員和客戶的接觸、客服中心與顧客的電話接觸、各部門管理者與大客戶的接觸，甚至與客戶在網路上的接觸等等。

　　顧客接觸會影響顧客對品牌的體驗效果，會決定他們是否購買本產品，甚至影響他們對品牌的忠誠度。因此，企業應該高度重視顧客接觸。本章我們介紹幾種重要的接觸方式，以及如何提高接觸體驗和避免無效接觸的方法。

第一節　面對面接觸

　　面對面接觸是最常見的接觸方式，它包括發生在銷售終端銷售人員與顧客的接觸、服務人員與顧客的接觸。此外，律師諮詢、心理輔導、就醫看病等也屬於面對面接觸。

　　終端接觸對顧客體驗的影響往往是最大的，這時，你的一言一行都在顧客的注視下，稍有不當，就可能給顧客帶來不愉快的體驗。

　　銷售人員在與客戶的接觸中還應該做到以下幾點：

(1) 保持良好的形象和風度。穿著得體，給客戶留下良好的第一印象。在交談過程中要維護公司的形象，也不宜傷害競爭者。

(2) 自信心。銷售人員要把產品、服務和構想介紹給他人，因此，必須對自己、對自己所服務的公司、產品，都要具有信心。

(3) 要有服務熱忱。銷售人員的職責就是提供服務，以熱忱的服務贏得顧客的好感，才能創造業績。

(4) 誠實守信。真誠是銷售人員贏得顧客信任的最佳辦法。不要為了銷售而欺騙顧客，也不要許諾做不到的事，做出的承諾一定要履行。

(5) 永遠保持精力充沛。良好的精神面貌會感染顧客，給顧客一種可信賴的感覺。

顧客進行服務性的接觸時，企業對服務人員要求更加嚴格，他們除了要做到一般銷售人員所必須做到的，還要有更加強烈的服務意識，提供顧客周到、滿意的服務是他們的職責。

服務台提供多種服務，盡一切可能幫助顧客。服務台是服務企業文化的主要標誌，要實現顧客體驗行銷，服務台的形象必須特別重視。顧客往往會到服務台詢問問題，對此服務人員要提供積極主動的幫助。同時，服務台要配備一些特殊顧客群所需物品。

微型案例　服務的細微之處

許多百貨公司的服務台會為長者準備了老花眼鏡，而且服務台也都備有嬰兒推車，讓家長可以輕鬆的逛街購物。

(1) **重視客戶**。客戶是企業的生命，服務人員要重視任何一個客戶。在與客戶的接觸中，讓他感受到企業優質的服務，感受到企業服務生工作熱忱的服務。最重要的是讓客戶感覺到企業很重視他。不要輕視任何客戶，這是服務人員應該謹記在心的。

(2) **對客戶保持熱情和友好的態度**。良好的溝通和與客戶建立互相信任的關係是提供良好的客戶服務的關鍵。在與客戶的溝通中，對客戶保持熱情和友好的態度是非常重要的。如果客服人員給用戶的印象是不好的，那麼這個負面的印象可能以後就會長久地影響用戶對公司服務的看法及信心。所以，當客戶態度不好時，服務人員也要保持冷靜，要用耐心、熱情的服務態度爲用戶服務，務求令客戶感到滿意。

(3) **端正服務態度，以服務爲目的**。態度決定一切。好的態度讓顧客感到心情愉悅，惡劣的態度則會讓顧客對企業產生不好的印象，甚至會失去這個顧客乃至更多的潛在顧客。所以，服務人員應該端正態度，耐心解決客戶的每一個問題，真正做到以服務爲目的。

第二節　利用通訊方式進行接觸

科技發展使得人與人之間的距離越來越短，人與人接觸的方式也越來越多樣。兩個相隔幾千里的人也能藉由電子郵件互知對方的情況，藉由電話傾聽對方的聲音，甚至藉由攝影機看到對方的面孔。這就是科技帶給人們生活的方便！

通訊方式包括電話、傳眞、電子郵件等。與面對面接觸所不同的是，這種接觸方式下接觸雙方不在同一場合。網路接觸將在後面有詳細的介紹。

一、電話接觸

電話接觸在售後服務、電話銷售、電話諮詢等業務中用得比較多。如何讓聲音傳遞體驗？電話接觸也需要一定的技巧。

(1) **把握接電話的時機。**如果是客戶打電話過來，最好能在電話響三聲後再接。接得太快，會讓人有措手不及、不適應的感覺。當然，客戶更不喜歡等得太久。

(2) **巧妙運用聲音技巧。**電話接觸主要是依靠聲音傳遞資訊，一定要充分運用聲音的技巧。

(3) **要掌握說話的速度。**說話速度太慢，會讓客戶感覺不耐煩；說話太快，客戶可能聽不清你的資訊，同樣會讓客戶厭煩。把感情融入聲音中，藉由抑揚頓挫的聲調變化，增強說話的感情色彩。另外，說話時，要把發自內心的真誠帶給對方。

(4) **保持微笑。**微笑是溝通的潤滑劑。雖然客戶在電話中看不到你，但是微笑還是可以通過電話傳遞給客戶的。所以一定要養成打電話時微笑的習慣。

(5) **設計獨特的開場白。**開場白可以說是電話服務人員留給客戶的第一印象。獨特的開場白可以拉近與客戶的距離，給客戶留下深刻的印象。

(6) **傾聽客戶的聲音。**人人都有傾訴的需要，給客戶這樣的機會，特別是那些打來抱怨電話的客戶，電話服務人員要認真聽他把話說完，不要打斷客戶，更不要申辯。

(7) **提問的技巧。**特別是電話銷售人員要學會提問，藉由提問找到客戶的需求，方能對症下藥。

電話接觸首先要讓客戶接受你，然後才能展開工作。聰明的電話服務人員總是能在電話中給客戶一次愉快的交談，銷售人員能讓客戶放心地買走產品，售後服務人員能幫助客戶解決問題。給客戶愉快的電話體驗，是電話服務人員工作的目標。

二、紙本信件或電子接觸

舊時交通不便，信件往往要經過很長時間才能到達收件人手中。現在信件可以藉由鐵路、海運、航空等各種方式傳遞，甚至是以電子郵件的方式傳遞，速度更快。

與電話及電子郵件相比，紙本的信件具有更加人性化的特點。

三、傳真接觸

電話只能進行口頭的接觸，而信件的速度又太慢了，傳真彌補了兩者的不足。傳真機的使用方便了文件的傳遞。各個公司之間、同一公司的各部門之間、公司與客戶之間都可以通過傳真進行接觸。傳真使得文件的傳遞更加快捷和方便。

第三節　網路的接觸

網路已經成為一種非常重要的銷售和服務的工具。網路也是實施體驗行銷的很好的平臺，它能帶給人們一種完全不同於面對面接觸和利用先進通信方式接觸的體驗。

實現網路的接觸的方式有：作為網路零售商的供應商、開設網路商店、線路拍賣、自行建立線上購物網站。

一、作為網路零售商的供應商

這種方式與傳統的銷售模式沒有多大區別，生產商不需要對網路有多少瞭解，也不需要增加額外的投入。由於生產商不參與網路銷售管理，這種方式的主動權就掌握在網路零售商的手裏。也就是說，真正實施體驗接觸的是零售商而不是生產商，生產商只是提供了產品。

二、開設網路商店

網路商店是指建立在第三方提供的電子商務平臺上，由商家自行開展電子商務的一種形式，正如同在大型商場租用場地開設商家的專賣店一樣。企業在第三方提供的平臺建立體驗空間，消費者可以在這個空間購買企業的產品。網路商店可以在一定程度上滿足企業網上銷售的需要，廠家不必一次性投入大量的資金，避免了複雜的技術開發，適用範圍更加廣泛，風險也較小。現在許多大型門戶網站和專業電子商務公司提供網上商店平臺服務，例如奇摩商城、PChome 商店街、大陸淘寶網，美國 ebay，日本軟體銀行等。合理利用網路商店的功能，也能在某些方面發揮企業網站的部分功能，如產品資訊發佈、產品促銷等。

三、線上拍賣

對大多數人來說並不是都有機會參加商品拍賣會，但是網路拍賣卻為每一個上網的人提供了體驗拍賣的機會，不僅可以在這裏買到便宜的產品，甚至可以在這裏拍賣東西。

網上拍賣是電子商務領域比較成功的一種商業模式，是個人對個人電子商務的一種具體表現形式。

微型案例　PC HOME——成功的網上銷售網站

台灣的 PC HOME 是最成功地實施網上銷售的網站之一。除了個人產品拍賣的銷售形式之外，PC HOME 同時也開展針對產品銷售的電子商務平臺服務。

　　PC HOME 只是提供了一個平臺，讓那些希望在網上從事經營的人有了發展的空間，而那些渴望體驗網上購物的人，也找到了體驗平臺。最近更是在台灣推出 24 小時到貨，減少顧客的猶豫期。

四、自行建立網上銷售型的網站

　　一些具有實力的大型公司例如 Dell 電腦公司等採取的策略就是自行建立一個功能完備的電子商務網站，從訂單管理到售後服務都可以藉由網站實現。企業成立專門的電子商務網站銷售本企業產品，並且將網上銷售集成到企業的經營流程中去。這種方式對資金和技術的要求很高，開發時間長，還要涉及到網上支付、網路安全、商品配送等一系列複雜的問題，需要一批專業人員來經營。因此，對一般企業來說，自行建立電子商務系統並不是最好的選擇。

　　網路帶給人們的最大體驗就是可以在數以萬計的商品中進行選擇，而且是足不出戶，這在傳統商品銷售中是沒法實現的，這也是網路吸引大批體驗者的主要原因之一。網路作為一種全新的體驗工具，具有很大的發展潛力。

第四節　如何提高接觸體驗

　　你有沒有想過如何提高顧客的接觸體驗，讓他們享受到更好的體驗？我想答案是肯定的。但是，你可能為採用什麼樣的方式來提高接觸體驗而困惑。這裏，我們提供兩種非常有效的方式。

一、利用較新的技術

　　智慧型手機、電腦網路、電視等通信工具都可以用來提高接觸體驗。不少風景區藉由電視廣告宣傳景點，或透過網站來讓消費者在電腦前就可以領略景區的風景，先感受到視覺體驗。透過智慧型手機的 app 應用程式或 QR code，讓消費者透過手機感受商品的部份體驗，也是一種隨時隨地可以接觸消費者並進行體驗傳遞的方式。行銷實施行者學會利用這些技術，讓它們為你的體驗行銷發揮作用。

二、建立客戶體驗資料庫

　　為什麼有些服務提供者可以在很久之後，仍然記得消費者，甚至記得他的喜好？他們的記憶力真的這麼好嗎？其實，是他們的客戶資料庫做得好。這就是實施顧客關系管理的最大用處。

　　實施顧客關係管理，建立客戶體驗資料庫。開展體驗行銷，企業應以先進的資訊技術為平臺，充分利用現代化的資訊技術和資訊手段，藉由及時、全面地收集客戶資訊，建立客戶體驗資料庫，設法與顧客建立起即時、雙向、互動的交流與溝通，以便把握消費者體驗需求的動向，為顧客提供個性化的產品和服務。要想給顧客留下完美的體驗，企業除了提供優質的售後服務外，還應當在產品售出後藉由電話、郵件、賀卡等方式與顧客保持聯繫，強化顧客所做的購買決定，提高顧客忠誠度。譬如藉由寄產品生日卡，祝賀用戶購買某一產品一周年，例如王品集團在用餐結束時都會提供一份問卷，了解消費者消費目的，每年消費者生日或重大紀念節日寄發折價卷來影響顧客的情感，提高顧客忠誠度。

第五節　避免無效接觸

　　接觸是需要成本的，包括人力、資金、時間等。如何使投入產出效益最大化，即增加接觸的有效率，避免無效接觸？

例如適合面對面接觸的商品，就最好不要進行電話接觸或網路的接觸。又例如，商品多元的公司可以考慮自行建立網站，但是對於商品相對較少且樣式不多的企業來說，可能並不合適。因為當款式無法和綜合性網路零售商數以萬計的商品相提並論時，是不會吸引消費者選擇瀏覽與消費的。所以，商品較少的企業自行建立網站無疑是無效接觸。而在臉書盛行後，一般企業都會建立粉絲團來服務顧客。

總之，避免無效接觸就是要認清公司和產品的性質，選擇合適的接觸方法。

第六節　案例分析：網上接觸的成功典範——亞馬遜書店

亞馬遜書店（amazon.com）是世界上銷售量最大的書店。可是它沒有龐大的建築，沒有眾多的工作人員，它的人均銷售額比全球最大的 Bames & Noble 圖書公司要高。這一切都是藉由網路實現的。

亞馬遜非常注意客戶在購買過程中的體驗。我們來看看亞馬遜書店是怎樣實現網上接觸，實施網上體驗行銷的。

在產品方面。亞馬遜書店根據所售商品的種類不同，分為幾個大類，例如書籍（BOOK）、音樂（MUSIC）和影視產品（VIDEO）。每一類都設置了專門的頁面，同時，在各個頁面中也很容易看到其他幾個頁面的內容和消息。它將書店中不同的商品進行分類，顧客可以很容易地找到所需要的商品。

在定價方面。亞馬遜書店採用了折扣價格策略。它藉由擴大銷量來彌補折扣費用和增加利潤。亞馬遜書店對大多數商品都給予了相當數量的折扣。這對那些喜歡買書而又不願意支付過高價錢的顧客來說具有很大的誘惑力。

在情境方面。逛書店的享受並不一定在於是否有足夠的錢來買想要的書，而在於挑選書的過程。手裏捧著書，看著精美的封面，讀著簡介，往往是購書的一大樂趣。亞馬遜也考慮到了這一點，在亞馬遜書店的主頁上，除了不能直接捧到書外，這種樂趣並不會減少。精美的多媒體圖片、明瞭的內容簡介和權威人士的書評都可以使人有身臨其境的感覺。在廣告方面。在這裏，連廣告都是一種很好的體驗。主頁上廣告的佈置很合理，首先是當天的最佳書，而後是最近的暢銷書介紹，還有讀書俱樂部的推薦書，以及著名作者的近期書籍等等。不僅在亞馬遜書店的網頁上有大量的多媒體廣告，而且在其他相關網路站點上也經常可以看到它的廣告，例如在 Yahoo！上搜索書籍網站時就可以看到亞馬遜書店的廣告。

該書店的廣告還有一大特點就在於其動態即時性。每天都更換的廣告版面使得顧客能夠瞭解到最新的出版物和最權威的評論。不但廣告每天更換，還可以從 "Check out the Amazon.com Hot 100. Updated Hourly!" 中讀到每小時都在更換的消息。

在促銷方面。亞馬遜書店專門設置了一個 Gift 頁面，為大人和小孩都準備了各式各樣的禮物。這實際上是價值活動中促銷策略的營業推廣活動。它藉由向各個年齡層的顧客提供購物券或者精美小禮品的方法吸引顧客長期購買本商店的商品。另外，亞馬遜書店還為長期購買其商品的顧客給予優惠，這也是一種營業推廣的措施。

在溝通方面。亞馬遜書店很注意做好企業和公眾之間的資訊溝通，它虛心聽取、收集各類公眾以及有關中間商對本企業和其商品、服務的反映，並向他們和企業的內部職工提供企業的情況，經常溝通資訊。公司還專門為首次上該書店網的顧客提供一個頁面，為顧客提供各種網上使用辦法的說明，幫助顧客儘快熟悉上網購物流程。

在服務方面。亞馬遜書店的主頁做得很吸引人，設置了搜索引擎和導航器以方便用戶的購買。它提供了各種各樣的全方位的搜索方式，有對書名的搜索、對主題的搜索、對關鍵字的搜索和對作者的搜索，同時還提供了一系列的如暢銷書目、得獎音樂、最賣座的影片等等的導航器，而且在書店的任何一個頁面中都提供了這樣的搜索裝置，方便用戶進行搜索，引導用戶進行選購。

公司專門提供了一個 FAQ（Frequently Asked Questions）頁面，回答用戶經常提出的一些問題。例如，如何進行網上電子支付？運費如何支付？如何訂購脫銷書？等等。而且，如果你個人有特殊問題，公司還會專門為你解答。

亞馬遜書店的網點還提供了一個類似於 BBS 的讀者論壇，它的主要目的是吸引客戶瞭解市場動態和引導消費市場。在讀者論壇中可以開展熱門話題討論。他們以一些熱門話題，甚至是極端話題引起公眾興趣，引導和刺激消費市場。同時，可以開辦網上俱樂部，藉由俱樂部穩定原有的客戶群，吸引新的客戶群。藉由對公眾話題和興趣的分析把握市場需求動向，從而提供用戶感興趣的書籍和影音產品。

第七節 知識點總結

本章討論體驗接觸的相關問題。以下知識是需要重點掌握的：

知識點一：面對面接觸

面對面接觸是最常見的接觸方式，它包括發生在終端銷售人員與顧客的接觸、服務人員與顧客的接觸。此外，律師諮詢、心理輔導、就醫看病等也屬於面對面接觸。

知識點二：利用先進的通訊方式進行接觸

這種接觸方式包括電話接觸、信件接觸和傳眞接觸。

知識點三：網路的接觸

實現網路的接觸的方式有：作爲網上零售商的供應商、開設網上商店、網上拍賣、自行建立網上銷售型的網站。

知識點四：提高接觸體驗

提高接觸體驗的方式有：利用較新的技術和建立客戶體驗資料庫。

知識點五：避免無效接觸

避免無效接觸就是要認清公司和產品的性質，選擇合適的接觸方法。

通常企業的行銷人員為了達到體驗式行銷目標，需要一些工具來創造體驗，我們將這些工具稱為體驗媒介。作為體驗式行銷執行工具的體驗媒介包括溝通、視覺與口頭的識別、產品呈現、建立品牌、空間環境、電子媒體和網站、人員等。下面我們來一一闡述。

第一節　溝通

心理需求方面的研究顯示，只有直接與顧客進行溝通才能發掘他們內心的渴望，使得產品和服務的開發才能與目標顧客心理的需求一致，否則，企業所進行的任何"體驗行銷"都將是"無本之木"。

溝通的媒介有廣告、雜誌型廣告目錄、宣傳小冊子、新聞稿、公司年報以及公共關係活動等。本節我們介紹幾種常用的溝通工具。

(1) 廣告。有人說現在是一個廣告的時代，走在大街上、翻開報紙、打開電視，鋪天蓋地的廣告迎面撲來，讓人眼花繚亂。作為體驗媒介，廣告能夠提供包括感官、情感、思考、行動以及關聯的全方位體驗。

(2) 雜誌型廣告目錄。雜誌型廣告目錄是一種介於雜誌和產品目錄之間的東西。雜誌型目錄的內容主要包括產品介紹、產品價格、產品種類，還隨文字附有產品圖像。現在很多商場、超市都有產品目錄雜誌，顧客可以在商場的服務台隨意領取，有時商場還會把產品目錄雜誌送到消費者家裏。這種目錄雜誌都是定期製作的，或者以月爲單位或者以周爲單位。

現在，這種目錄型雜誌越來越受到商家的重視，因爲這是一種很好的與顧客建立體驗聯繫的方式。

(3) **宣傳小冊子**。宣傳小冊子是企業爲了宣傳企業或者產品而製作的。這種小冊子一般頁數不多，成本不高。內容主要是企業歷史、規模、生產能力、產品種類、產品介紹等。企業制作這種小冊子主要是爲了方便向客戶介紹企業和產品。

第二節　視覺與口頭的識別

視覺與口頭的識別一般是指可以使用於創造感官、情感、思考、行動及關聯等體驗的品牌，包括品牌名稱、商標和標誌等。

(1) **品牌名稱**。品牌名稱設計得好，容易在消費者心目中留下深刻的印象，也就容易打開市場銷路，增強品牌的市場競爭能力；品牌名稱設計得不好，會使消費者看到品牌就產生反感，降低購買欲望。

名稱設計要遵循以下原則：

① **展現特徵**。品牌要從不同角度展現品牌商品的特徵。

② **簡潔明瞭**。單純、簡潔、明快的品牌名稱易於形成具有衝擊力的印象。

③ **構思獨特**。品牌名稱應該有獨特的個性，避免與其他企業或產品混淆。

④ **容易發音且沒有不雅的意涵。**品牌的名稱要琅琅上口，難於發音或音韻不好的字，難寫或難認的字，字形不美、涵義不清和譯音不佳的字，均不宜採用。

⑤ **文化認同。**由於客觀上存在著不同地域、不同民族的風俗習慣及審美心理等文化差異，品牌名稱要考慮不同地域、不同民族的文化傳統、民眾習慣、風土人情、宗教信仰等因素。

　　此外，品牌的命名要保留未來延伸發展的可能性，要站在世界和國際市場大環境的高度去選定品牌的名稱，使自己的產品不僅成為某一地區性的品牌，也要有機會成為全國品牌乃至世界品牌。

(2) **商標。**商標是視覺形象的核心，它構成企業形象的基本特徵，體現企業內在素質。商標不僅是調動所有視覺要素的主導力量，也是整合所有視覺要素的中心，更是社會大眾認同品牌的象徵。商標設計不僅僅是一個圖案設計，而且是要創造出一個具有商業價值的符號，並兼有體驗價值和藝術欣賞價值。

(3) **品牌標誌。**品牌標誌是指品牌標誌中可以被識別但不能用語言表達的部分，即品牌標誌的圖形記號。例如麥當勞黃色的大 M 形標誌、NIKE 的勾形標誌、賓士汽車的三叉形環、日本三菱公司的紅菱形標誌等。使用設計品牌標誌時要注意其圖案與名稱應簡潔、醒目、新穎、富有特色、個性顯著，使標誌具有

位於加州聖博納迪諾由麥當勞兄弟所開設的麥當勞創始店，目前亦改為博物館

獨特的面貌和出奇制勝的視覺效果，易於捕捉消費者的視角，以引起注意，產生強烈的感染力。

微型案例　VOLVO 的品牌標誌

　　VOLVO 這個名字是由公司管理層中一些思路敏捷而且精於文字和語言的成員想出來的，註冊申請書由 SKF 公司藉由設在斯德哥爾摩的專利事務所於 1915 年 2 月 20 日呈交給瑞典皇家專利註冊辦公室。在拉丁語中，"Volvere" 是動詞 "roll"（滾動）

照片來源：VOLVO 官網

的不定式，例如，帶轉輪的手槍就被稱為 "Revolver"。在採用第一人稱單數形式時，動詞 "Volvere" 就成為 "VOLVO"，"I roll" 就是 "我勇往直前" 的意思。

　　這個名字非常簡潔，充滿智慧，並且有著強烈的象徵意義，讓人聯想起整個公司的業務領域。此外，這個名字的拼音中沒有字母 R 或 S，因而便於被世界上大多數地區的人發音，也很少會出現拼法錯誤。在那個年代，SKF 公司已經是一家大型出口企業，因而充分意識到了一個優秀品牌標誌所具有的價值。

第三節　產品呈現

　　產品本身也能夠創造體驗，產品呈現主要指產品的外在傳達給人們的體驗，一般包括產品外觀設計、包裝設計、產品展示以及品牌的標誌物或是吉祥物。例如女性化妝品和香水就是一種極為重視產品外觀設計及包裝的產品。

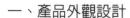

一、產品外觀設計

消費者在購買產品時，關注的不僅僅是產品的品質和價格，產品外觀也成爲影響消費者購買的重要因素。人們在購買產品時，也追求一種感官的體驗，這需要藉由產品的外觀表現出來。根據消費者的需求趨勢，產品外觀設計主要表現爲以下三個方面：

(1) **產品外觀設計朝個性化發展。**追求自我意識的年輕消費群體，對於商品的選擇不依貴賤、品質和性能，而是看商品是否獨具一格。他們喜歡酷的、新奇的、能夠表達自我的東西。這就要求產品的外觀設計要注重個性化。

(2) **產品外觀設計工藝化。**產品外觀設計必須做工精巧、款式新穎、美觀大方、圖案清晰。

(3) **產品外觀設計趣味化。**帶有趣味性的用品能讓消費者在緊張的生活中體驗到樂趣。台灣的食品「乖乖」推出一個幽默的「乖乖造句包」，讓消費者在產品外包裝上寫下乖乖造句，上傳參加票選。此活動藉由有趣的包裝設計，讓消費者參與體驗了活動也贏得了品牌的曝光與知曉。

二、產品包裝設計

包裝是顧客對產品的第一印象，它能直接影響顧客對產品的外觀體驗。《財富》雜誌（Fortune）上曾有一篇文章指出：「無論是巧克力還是衛生紙，都需要包裝，顯然地越來越多的產品都十分注重包裝，似乎消費者對於包裝的興趣遠大於產品本身。」由此可見包裝對顧客體驗的重要性。

一個品牌要想在消費者的心中定位，讓人們產生豐富的想像，其包裝應要讓人們在視覺、聽覺、觸覺等感性方面更具有可親近感。具體來說，包裝體驗主要表現在以下幾個方面：

(1) **包裝材料。**產品的包裝材料能夠顯示出產品的水準。為什麼一盒精美包裝的月餅賣到上千元台幣，仍然會有人購買？就是因為精美的包裝提供人們「品質高」的心理暗示。如果購買商品的目的是送禮，購買者對於包裝材料的期望就會更高。

(2) **包裝色彩。**色彩在包裝設計中佔有特別重要的地位。色彩的運用能夠使產品更富誘惑力，刺激和引導消費以及增強人們對品牌的記憶。能夠給顧客帶來包裝色彩體驗的要求是：包裝色彩能否在競爭品項中具有清楚的辨識性；是否妥當地象徵著商品內容；是否有效地表示商品的品質和分量；是否有較高的明亮度，並能對文字有很好的襯托作用；色彩在不同市場、不同陳列環境中能否都充滿活力等。

(3) **包裝形狀。**包裝的形狀能給人最直觀的感受，好的包裝形狀能夠給消費者視覺的體驗。兒童食品的包裝採用可愛且熟悉的卡通人物，或是小房子、小汽車、飛機等造型，吃完後，包裝本身就是一個玩具。不但吸引了兒童，連成人也覺得很有吸引力。

三、產品展示

產品在門市中的展示也需要下一番功夫，才能讓消費者從展示中體驗到產品的魅力。例如包裝食品在超市爭取特殊陳列，並於現場由人員示範食品的烹調方式。

四、品牌個性

品牌個性是人們品牌體驗中帶有情感色彩的部分。它反映的是消費者對於品牌的感覺。

品牌個性的實現可以藉由產品自身來表現，也可藉由品牌故事來創造，透過代言

人的形象來移轉到品牌身上，也是常用的手段。

第四節 聯合建立品牌

聯合建立品牌同樣可以用於創造體驗的五種模組中的任何一種，它包括對一些重大事件的參與或贊助、聯盟與合作、授權使用、產品在一些影視作品中出現以及其他的一些合作活動等形式。

一、事件參與或贊助

Master 信用卡公司說：＂如果僅僅是讓顧客看到或是聽到一個品牌是不夠的，還需要讓他們去體驗。而贊助是體驗行銷重要的催化劑和組成部分。＂例如可口可樂公司等一些世界知名企業贊助奧運會，不但增加了產品的銷售量，更製造了品牌體驗的機會。

上述公司藉由參與或者贊助某項活動，大大增加了公司和產品的曝光率。例如單一次的奧運會期間，可口可樂贊助的奧運聖火傳遞活動，就可以讓它獲得大約 5 億個媒體曝光機會。而大陸選秀節目＂中國好聲音＂有幾億人口觀看、幾百個小時的重播時數，各個視頻網站連結這給贊助廠商嘉多寶涼茶帶來龐大的曝光量！

這種方式具有投資小、回報大、見效快、傳播廣等優勢，但是也有幾個問題需要注意，也即是要善於抓住有利時機，要突破常規。上述公司藉由參與或者贊助某項活動，大大增加了公司和產品的曝光率。

二、聯盟與合作

這也是業者經常使用的手段。大陸地區最大的行動通訊業者——中國移動，其與周杰倫的演唱會合作，只要預付達到一定金額就可以免費獲得演唱會入場券。不論對中國移動還是對演唱會策畫單位，都是有利可圖的；對消費者來說，藉由話費的充值可以獲得一次偶像的演唱會體驗，何樂而不為呢？

三、出現在影視作品中

在 007 系列電影中，龐德所駕駛的 BMW 跑車，手腕上戴的 OMEGA 手錶，以及成龍電影中的三菱汽車，都藉由電視電影增加了品牌的曝光與知曉，也傳遞了想要傳遞的產品性能與形象。

第五節　空間環境

空間環境一般包括公司的建築物外觀、辦公室內部、工廠空間、營業空間（大型超市、購物中心、商場、專賣店等）以及商展攤位。體驗環境能給人留下深刻的全面的印象。

一、公司建築物、辦公室

BMW 的總部就建成了一個類似四缸發動機的樣子。。IBM 新公司總部藉由建築和周圍景觀表達出了 IBM 對自身的認識以及公司希望為顧客和員工創造的體驗。IBM 的新辦公樓依地形而建，占地 120 000 平方英尺，屬於低層建築，親近自然，和周圍的自然環境相互映襯。IBM 辦公室的門很少關著，並且著大量的落地窗戶，可以遠眺周圍的景觀。辦公室裏的桌椅隨意排列著，便於隨時進行腦力激盪式的會議。室內裝潢極簡設計、現代又舒適。

二、零售空間

對消費者來說，購物的過程本身就是一種體驗。在競爭激烈的零售業界，爲什麼消費者更願意到佈局合理、環境舒適的那家賣場購物？因爲這樣的賣場給顧客提供了購物時的心理享受。

零售空間要注意售貨現場佈置與設計、通道設計、採光設計、商品的陳列設計和景觀設計等方面。

(1)　**售貨現場的佈置與設計**。售貨現場的佈置與設計應以便於消費者參觀與選購商品、便於展示和出售商品爲前提。售貨現場是由若干經營不同商品種類的櫃位所組成的，售貨現場的佈置和設計就是要合理安排各類商品櫃位在賣場內的位置，這是設計售貨現場的一項重要工作。

(2)　**通道設計**。售貨現場的通道設計要考慮便於消費者行走、參觀瀏覽、選購商品，同時特別要考慮爲消費者之間互動所適當的條件。

(3)　**採光設計**。透過光線的設計來營造所欲傳遞的氣氛與形象。

(4)　**商品陳列設計**。商品的陳列方式、陳列樣品的造型設計、陳列設備、陳列商品的花色等方面，都要與消費者的購買心理過程相適應。

三、銷售攤位

很多商場現在也很注意銷售攤位和銷售展臺的設計，越來越多地將體驗融入其中。一般同一種類的商品展臺設在相同的區域，比如化妝品區、服裝區、家居用品區等等；把各個展台之間的距離儘量放大些，讓顧客可以隨意在各展臺之間遊走，不會給人擁擠的感覺；合理地設置收銀台，顧客不用跑很遠去付款。這樣的設計更加人性化，也讓消費者有了更人性化的體驗。

第六節　電子媒體與網站

網際網路的出現大大改變了人們的溝通方式，也為企業的體驗式行銷提供了理想的舞臺。

例如，在 Logo 或 Banner 上使用網路動畫廣告展示品牌和產品；使用 Flash 格式的網路電影進行服裝展覽（而非現場展示）；即時通訊和留言板使得企業與消費者間的溝通更加方便（取代銷售人員藉由面對面或電話來交流）；還有網上購物等等。

越來越多的公司發現，網站不僅是一種發佈資訊的工具，它還是實施體驗行銷的平臺，通過網站可以為消費者提供體驗機會。

大陸地區的騰訊 QQ 自 1999 年推出以來，至今已擁有數億多用戶。是什麼成就了騰訊 QQ 今日的輝煌？網路體驗。當現實世界中人與人之間的關係越來越微妙的時候，人們希望找到一個可以隨心所欲傾訴的物件。騰訊 QQ 的誕生無疑給人們提供了一個工具。在這個虛擬的世界裏，人們體驗到了無拘無束的滋味，感受到了工作之外的放鬆。可以說，正是因為騰訊 QQ 為人們提供了這種體驗機會，它才能有今日的發展。

而在台灣等先進國家大量使用 MSN，Skype，臉書，Line，成為另一種溝通的工具大量使用於商業環境中。

Amazon 書店自 1995 年 7 月開業至今已為消費者提供了數十多萬種的

商品品項。Amazon 書店的發展正是因爲它給人們提供了一種完全不同於傳統書店購書的體驗。在傳統的書店裏，消費者可能要到離家很遠的書店，要花上大量的時間在路上，要在顧客眾多的書店來回走動以便找到需要的書，還要排長長的隊付錢。網上書店避免了這些麻煩，而且圖書品種繁多，你只需要輕輕點擊滑鼠，就會有人將書籍送到您手上。一切就這麼簡單。有誰會拒絕呢？

現在有一些旅遊景區也在網上設置了體驗專區，遊客可以在網路體驗旅遊景區的各項服務，領略旅遊景區的娛樂項目。藉由網路的虛擬體驗，遊客可以對景區有一個全面的瞭解。

未來的世界是網路的世界，誰能夠充分利用網路，給消費者帶來愉快的體驗，誰就是未來眞正的贏家。

第七節　人員

人員包括銷售人員、公司代表、爲顧客提供服務的人員，以及任何可以與公司品牌相關的人。對於價值較爲昂貴的產品，更需要銷售人員去創造顧客的體驗，例如，一個態度和藹可親、專業知識豐富的汽車銷售員；一個面帶笑容、落落大方、善解人意的化妝品專櫃小姐等等。像這樣一些非常優秀的銷售服務人員，將會把一種簡單的交易變成一次完美的體驗。

第八節　案例分析：Niketown 體驗中心

體育用品和運動服裝是體驗行銷的拓荒者、開路先鋒，其中著名的運動品牌 NIKE 便是先行者之一。Niketown 是顧客體驗的旗艦店。Niketown 展示 NIKE 最新或最具創意的產品系列，與其說是一個銷售管道，還不如說是一個體驗中心。

1992 年，NIKE 在芝加哥城開設了第一家 Niketown，這是一種從未在創建品牌中出現的方式。商店傳達了 NIKE 的核心精神，空氣裏彌漫著 MTV 風格的音樂，大螢幕上播放著許多經典比賽，店裏懸掛著喬丹在空中飛躍的巨幅海報，還有一個喬丹專櫃。商店的建築風格、佈局、擺設、工作人員和整個氛圍都在述說著 NIKE 自己的故事。這一切都讓顧客癡迷其中，他們似乎忘記了自己是在逛一家商店。

1996 年，Niketown 商店超過了藝術館，成為了芝加哥最熱門的旅遊點，年客流量超過 100 萬人，銷售額 2 500 萬美元。芝加哥 Niketown 開張 6 年之內，包括紐約在內的更多的 Niketown 出現了。

這些商店給消費者帶來的是不受任何競爭者和零售商限制的無拘無束的 "NIKE 體驗"。Niketown 在品牌創建中發揮了關鍵的核心作用。

第九節　知識點總結

本章討論進行體驗行銷需要借助的幾種工具。下面一一進行總結。

知識點一：溝通

溝通是發掘消費者心裏渴望的直接途徑。進行溝通的媒介有廣告、雜誌型廣告目錄、宣傳小冊子、新聞稿、公司年報以及品牌的公共關係活動等，以及企業內部員工和顧客的溝通。其中，廣告是最重要的也是最常被企業運用的溝通方式。

知識點二：視覺與口頭的識別

視覺與口頭的識別一般是指可以使用於創造感官、情感、思考、行動及關聯等體驗的品牌，包括名稱、商標和標誌等。

知識點三：產品呈現

產品呈現主要指產品的外在傳達給人們的體驗，一般包括產品外觀設計、包裝設計、產品展示以及品牌的標誌物或是吉祥物。

知識點四：聯合建立品牌

聯合建立品牌包括對一些重大事件的參與或贊助、聯盟與合作、授權使用、產品在一些影視作品中出現以及其他的一些合作活動等形式。

知識點五：空間環境

空間環境一般包括公司建築物、辦公室、工廠空間、營業空間（大型超市、購物中心、商場、專賣店等）以及商展攤位。體驗環境能給人留下深刻的全面的印象。

知識點六：電子媒體與網站

網際網路的出現大大改變了人們的溝通方式，也為企業的體驗式行銷提供了理想的舞臺，電子媒體和網路也是進行體驗行銷的有效工具。

知識點七：人員

人員主要包括銷售人員、公司代表、為顧客提供服務的人員，以及任何可以與公司品牌相關的人。

第 **10** 章
混合式體驗與全面體驗

　　我們將體驗分為五種類型，但實際情況下很少有單一體驗的行銷活動，一般都是幾種體驗的結合使用，*Bernd Schmitt* 將之稱為混合式體驗。進一步來說，如果企業為顧客提供的體驗是涉及所有的五類體驗，就會被稱為全面體驗。

　　本章將從另外一個角度論述全面顧客體驗及相關問題。

第一節　混合式顧客體驗模式

　　混合式體驗至少包含了兩個策略體驗模組。下面我們來詳細瞭解混合式體驗以及如何建立混合式體驗。

一、混合式體驗的類型

　　一般來講，戰略體驗模組被分為兩種：(1) 消費者在其心理和生理上獨自的體驗，即個人體驗，包括感官模組（Sense）、情感模組（Feel）、思考模組（Think）；(2) 必須有相關群體的互動才會產生的體驗，即共用體驗，例如行動模組（Act）、關聯模組（Relate）。

　　混合式體驗是五個模組之間互相混合產生不同的體驗組合。

個體體驗的混合有感官和情感混合模式、感官和思考混合模式、情感和思考混合模式。個體體驗和共用體驗的混合由個體體驗中的感官體驗、情感體驗、思考體驗和共用體驗中的行動體驗、關聯體驗混合而成。共用體驗的混合模型由行動體驗和關聯體驗混合而成。這些關係我們用表 10.1 表示。

表 10.1 混合式體驗的類型

混合式體驗		
個體體驗混合	個體/共享體驗混合	共享體驗混合
感官/情感	感官/關聯	關聯/行動
感官/思考	情感/關聯	
感官/思考	思考/關聯	
	感官/行動	
	情感/行動	
	思考/行動	

混合式體驗並不是兩種或兩種以上的策略體驗模組的簡單疊加，而是它們之間互相作用、相互影響，進而產生一種全新的體驗，這種新的感受有時所產生的作用往往更大。

二、體驗之輪

建立混合式體驗需要其專有的工具——體驗之輪。體驗之輪是建立混合式體驗的策略工具。

傳統的行銷學中會提到效果層級模式，即顧客對一種產品的購買是分階段進行的，如圖 10.1 所示：

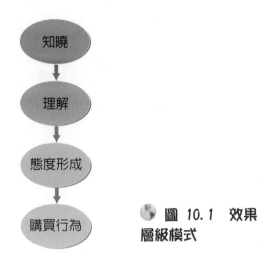

🌐 **圖 10.1　效果層級模式**

　　體驗之輪也是遵循類似的原理，使得五種戰略體驗模組在使用上有其自然的順序：感官→情感→思考→行動→關聯。感官引起人們的注意；情感使體驗變得個性化；思考加強對體驗的認知；行動喚起對體驗的投入；關聯使得體驗在更廣泛的背景下產生意義。

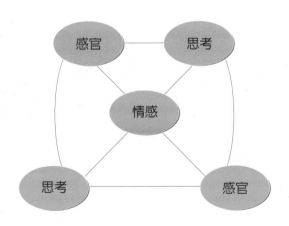

🌐 **圖 10.2　體驗之輪模型圖**

效果層級模式不同的是，體驗之輪各策略體驗模組之間並不是彼此孤立的，而是一個相互聯繫的整體，如圖 10.2 所示。這個體驗之輪還可以繼續擴充，可以增加到四個策略體驗模組，甚至五個。其中的策略體驗模組越多，結點也會相應增加，體驗之輪的效果也會提高，這種效果遠遠超越了單個體驗效果的總和。

第二節　全面顧客體驗模式

對於全面顧客體驗有不同的理解。Bernd Schmitt 在他所著的《體驗行銷》一書中，將全面顧客體驗定義爲：如果企業爲顧客提供的體驗涉及戰略體驗的五個模組，就是「全面顧客體驗」。這種很好理解。下面我們從另一個角度來理解這一概念。

全面顧客體驗由 HP 的前總裁菲奧莉納（Fiorina）提出，旨在帶領 HP 由傳統的產品經濟、服務經濟，全面轉向體驗經濟。藉由提供服務體驗、購買體驗、使用體驗及應用體驗，讓顧客感受到一種個性化的與眾不同的體驗，並圍繞以顧客爲中心和爲顧客提供全面體驗的思想構築相應的運營模式，目的是讓顧客得到全面、優質的服務。

從這個角度，我們把全面顧客體驗定義爲一種基於顧客價值創造的行銷模式，它藉由對顧客需求的深入與全面理解，借助全面接觸點理論，確定顧客體驗的關鍵時刻或關鍵點來滿足顧客體驗需要的活動過程。藉由企業與顧客的全面接觸，顧客就進入了體驗之旅。比如，顧客到餐館用餐，餐館就向顧客提供了一次用餐體驗；顧客到超市購物，超市就向顧客提供了一次購物體驗；顧客到娛樂場所消費，娛樂企業就向顧客提供了一次娛樂體驗。

下面我們舉一個全面顧客體驗的例子。

微型案例　　全面顧客體驗

我們以購買家電為例。大家知道，現在的家用電器種類很多，同一種家電功能各異。消費者大多對家電的知識瞭解有限，在選購時往往非常盲目。那麼，作為銷售家電的企業，就應該在顧客進入家電門市那一刻起，藉由瞭解顧客的個人需要及提供額外的協助（例如詢問顧客對家電的功能需求、對價格的期望等），讓顧客買到最符合需求的家電，並借由良好的服務滿足在顧客心目中留下值得回憶的體驗。這種全面購物體驗，由顧客進入賣場開始，店鋪的陳列、佈置裝飾、產品陳列乃至服務人員的服務態度，都應該是一個整體的規劃，帶給顧客一個舒適、方便、欣賞、可回味的購物過程，並帶給顧客一個專業化形象，突出產品以外的價值，促使顧客樂於再次光顧和提高他們對賣場的認可，使賣場在產品品質和服務品質個方面都有優越的表現。

全面顧客體驗是一種新興的行銷模式，它之所以被眾多企業所追捧，是因為它能夠推動企業持續盈利。全面顧客體驗行銷的目標不只停留在提升顧客滿意度和快樂體驗上，同時，它也會正向影響企業的純益率。

第三節　全面顧客體驗過程

全面顧客體驗過程是一個完整的過程，這個過程中涉及到很多細節，這些細節決定著顧客對體驗的感覺。企業必須清楚顧客與企業開展的體驗

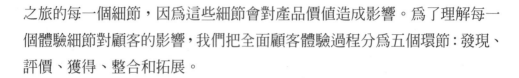

之旅的每一個細節，因為這些細節會對產品價值造成影響。為了理解每一個體驗細節對顧客的影響，我們把全面顧客體驗過程分為五個環節：發現、評價、獲得、整合和拓展。

一、發現

　　產品的豐富性反而讓消費者在選擇上遇到了很大的麻煩，更重要的是，它使企業的產品更難被消費者發現了，因為大量且氾濫的資訊，使得企業花費了大量金錢所做的廣告，往往都被消費者所忽視了。這是企業的悲哀也是消費者的悲哀。行銷者的難題是如何讓消費者在需要的時候發現你的產品，甚至在不需要時也能夠記住你，以便需要時能夠立刻想起你。我們發現，那些試圖藉由說服、誘導，甚至是哄騙來讓消費者購買的做法已經被消費者所厭煩。給消費者一次美妙的體驗似乎更奏效。這不是隨便說說的。不信看看下面這個例子。

微型案例　　發現之重

　　1998 年之前，上網還是一件非常複雜的技術。iMac 電腦廣告採用了"使用者不再畏懼技術" 這一宣傳策略。它清楚地演示了上網和安裝軟體就像數 1、2、3 一樣簡單。父母不再因給年幼的孩子購買電腦而發愁，因為他們不需要擔心複雜的安裝過程。

　　蘋果電腦的系列廣告還揭示了網際網路的另一面，讓人們知道了網際網路的方便性。藉由網路，老人可以經常看到他們的孫子、孫女，母親可以跟她在外地上大學的孩子保持聯繫。

　　藉由對繁雜技術障礙的掃除和讓人心動的畫面，蘋果電腦公司已經深入人心。

　　蘋果電腦公司的案例告訴我們，要取得成功，就必須使消費者容易地瞭解到產品物有所值。另外，從廣告的角度說，為了吸引消費者，宣傳推廣的廣告詞應儘量降低涉及產品和服務本身，而應更多地描述它們能給消費者帶來什麼樣的價值體驗。

記住，你的任務就是讓消費者的目光停留在你的產品或服務上面。

微型案例　**發現 SonyErricsson 的 t68i 手機**

當年 "SonyErricsson 為了讓消費者知道 t68i
手機，除了在傳統媒體上大肆宣傳外，還使用了更絕
妙的手法：在 2002 年夏天雇用了一批演員，讓他們
在紐約和洛杉磯一帶扮作普通旅遊者，拿著 t68i 手
機要求路人幫他們照相，藉由這樣的方式讓普通的消
費者體驗、發現並注意到 t68i，使產生興趣。

二、評價

消費者在決定購買之前，往往會對同類產品的不同品牌進行比較，選擇他認為 C/P 值最高的產品。這個過程就是產品評價的過程。顧客最終是否選擇你的產品，很大程度上取決於面對競爭對手，你如何傳遞你產品的價值體驗。如果你所傳遞的價值體驗符合顧客的心意，那麼他就會選擇你的產品。也就是說，當你把評價階段變成一種富有價值的體驗時，達成交易就容易多了。

顧客進行評價往往會借助網際網路、商品說明、顧客口碑、新聞報導以及廣告等。

微型案例　**全方位展示自己，佔領消費者的心靈高地**

著名的 IKEA 傢俱公司，在公司網站上開闢了一個專欄，專門介紹家庭裝潢方面的知識，包括室內色調的選擇、整體佈局。為了做形象的說明，它們還借用實物做成模擬圖，當然，那些實物道具都是該公司的產品。協調一致的搭配，讓顧客心動，他們自然也在心裏對

該公司留下了良好的印象。不僅如此，該公司還在各種專業雜誌、電視上做廣告，以便佔領消費者的心靈高地。

三、獲得

一切行銷的目的都是促使消費者購買。如果你是一個製造商，就要確保消費者能夠在你的廣告上找到何處能夠買到你的產品，否則你的行銷就是失敗的。消費者在購買過程中可能遇到的問題很多，如果企業很好地解決了這些問題，實現交易也就很簡單了，否則，可能阻礙交易的實現。好比有些大型購物中心的停車位總是不夠用，顧客不得不把車子停在離購物中心很遠的地方，然後再走回購物中心，最後還得拎著大包小包的東西走回車裏。

你所做的一切努力就是把顧客吸引到產品面前來，當顧客到來的時候，就要給他創造一切購買的機會，而不是製造障礙。而當停車構成消費障礙時，消費者上門消費的意願降低或所購買的品項變少，那就是花錢做無效的廣告了。

四、整合

整合是指在消費者購買了你的產品之後，如何將這些產品融入他們的生活中，也就是使部分組成整體的過程。我們還可以這樣理解：如何讓這些產品在他們的生活中發生作用。食品袋上易於撕開的齒狀、易開罐上便於開啟的拉環、購買的新衣服附帶的備用紐扣，這些都是企業應該為消費者想到的。

微型案例　**整合的作用**

　　大家都知道美國人非常喜歡乳製品，但是一段時間內美國農業部的統計資料表明，美國人平均飲用牛奶的數量在下降。出現這種現象的原因是美國超過 80% 的牛奶是由家庭消費的，而隨著人們外出就餐的增多，牛奶的飲用量自然就減少了。後來直到便於攜帶的牛奶飲料的出現，才改變了這種狀況。這種牛奶可以像飲料一樣隨身攜帶，而且外觀新穎，有密封保障。

五、拓展

　　成功的企業總是試圖跟客戶建立長期的關係，而消費者也總是樂意不斷購買那些給他們帶來愉快體驗的公司的產品。企業如何才能永久地留住一個顧客呢？

　　許多飯店會記錄下每一個到那裏住宿的客人的資料，當客人下次入住時，飯店會根據客人的愛好安排房間，還會在客人生日的時候寄上一張賀卡。有的大型購物中心，設立了兒童娛樂區，讓那些帶孩子來的父母可以放心地購物。這樣的服務怎會不讓人感動呢？

　　一個完整的全面顧客體驗過程實在不是簡簡單單的東西，它需要企業付出各方面的努力。

　　只有給顧客愉快的體驗過程，才能實現產品的價值。

第四節　360 度接觸行銷

　　所謂「消費者接觸點」的概念，是指消費者或潛在消費者任何時候對某個產品或服務的品牌、產品類型或者市場訊息的接觸。消費者體驗過程中肯定要進行接觸，包括跟服務人員的接觸、與銷售人員的接觸、與產品或服務的接觸。這些接觸有直接接觸，比如業務拜訪、電話交談、現場服務等，也可能是間接接觸，比如產品目錄、宣傳手冊、朋友介紹等：

　　在體驗接觸中以下三點需要注意。

(1)　體驗源於接觸。體驗是從接觸開始的，只有進行接觸才可能實現體驗，任何企業都必須重視與顧客的接觸，盡可能創造與顧客接觸的機會。在每一次接觸中，要注重與顧客之間的溝通，發掘顧客內心的期望，站在顧客體驗的角度，去審視自己的產品和服務。

(2)　提高接觸點的含金量。接觸的目的是實現體驗，體驗的目的是實現購買。如何才能讓顧客在接觸的過程中感受到物有所值，甚至物超所值呢？若僅僅是簡單地接觸，沒有任何特色，是沒法吸引顧客的，必須在接觸點中增加含金量。

微型案例　增加接觸的含金量

　　當咖啡被當成 "貨物" 販賣時，一磅可賣五百元；當咖啡被包裝為 "商品" 時，一杯就可以賣四、五十元台幣；當其加入了 "服務"，在裝潢幽雅的咖啡廳中出售時，一杯至少要七、八十元至一百多元；但如能讓咖啡成為一種香醇與美好的 "體驗"，一杯就可以賣到百元台幣以上，甚至是好幾百元。增加產品的 "體驗" 含量，能為企業帶來可觀的經濟效益。

提高接觸點的含金量要求企業必須精心設計和管理接觸點，為接觸點增加一些亮點，比如服務現場的佈置、服務人員禮儀的管理等，讓顧客在體驗之初就產生愉快的感覺。

(3) **在接觸點培養顧客情感**。顧客都有感性的一面。有一位家庭主婦數十年如一日都到同一家便利店購買日常用品，而在她所住的社區有很多家便利店，無論產品種類、品質還是價格都跟那家便利店差不多。當有人問她原因時，她說那家便利店的老闆娘非常好，她每次買東西都會跟老闆娘聊一下天，她覺得那是非常愉快的事情。

接觸點的情感培養，可以藉由人員的互動、廣告的宣傳、現場的渲染等實現。

第五節　全面顧客體驗的資料管理

全面顧客體驗行銷的實施，應面對廣大的用戶。資料管理技術能幫助企業獲取有用的顧客體驗資訊，以制定相應的體驗行銷策略。

資料管理包括資料蒐集、資料採礦、資料應用。下面一一進行分析。

(1) **蒐集資料**。蒐集資料是藉由使用資料分析和資料建構的技術來發現資料之間的趨勢和關係的過程，它可以用來理解客戶希望獲得什麼，還可以預測客戶將要做什麼！蒐集資料可以幫助你選擇恰當的客戶並將注意力集中在他們身上，以便為他們提供恰當的附加產品；也可以幫助你辨別哪些客戶打算與你"分手"。

(2) **資料採礦**。指從大量的資料中，提取隱含在其中的、有用的資訊和知識的過程。其產出物為概念（Concepts）、規則（Rules）、模式（Patterns）等形式。

(3) **資料應用。**客戶資料蒐集和挖掘的最終目的就是資料應用。這些資料可以幫助企業發現客戶需求、開發客戶。

全面顧客體驗需要大量的資料積累，包括行業資訊、經濟環境資訊、顧客資訊等。這些資料是企業實施顧客全面體驗的重要參考。應用資料管理有助於發現業務發展的趨勢，揭示已知的事實，預測未知的結果，並幫助企業分析出解決問題所需要的關鍵因素，使企業處於更有利的競爭地位。

第六節　案例分析：賽豹滑板車的全面體驗行銷

賽豹滑板車是位於大陸濟南地區一間公司的專利體育器材，這種產品無論是在性能、品質，還是在市場前景等方面都是不錯的。此一產品當年在大陸地區行銷成功，就是使用了全面體驗行銷的方法。我們來分析一下它是如何實施全面體驗行銷的。

一、讓消費者發現產品

在宣傳的時候，注重產品的主要性能和特點，以及能給消費者帶來的好處，比如說該產品與其他滑板車的不同之處：

(1) 節能：不用油、不用電。
(2) 環保：不用油和電，自然也就不會有什麼污染。
(3) 省力：該產品充分利用人體的重量，將勢能轉化為動能。
(4) 方便：轉向靈活，使用方便。
(5) 安全：由於該產品主要適合於青少年，特別適合 8～18 歲的年齡，安全尤為重要。剎車靈敏是該產品的一大特色，因此運動起來十分安全。

用這些實實在在的功能和好處，將枯燥的產品詮釋得十分鮮活、明白，富有吸引力。

　　概念和名字的重要性不言而喻。此產品在開發初期，名字叫 "機械滑板車"，雖然表達了實質的功能與性質，但卻無法引起消費者的注意。

　　行銷人員瞭解到滑板車其實是從海上的衝浪板演化而來的，再加上這種車在運動過程中，踏板交替升降，人的身體也上下、左右搖擺。最後，該公司將名稱命為 "衝浪滑板車"，顯然比原本的名稱表現出較多的情緒與產品特性。

　　好的廣告口號可以將產品的優勢和特點概括得恰如其分。因為這種滑車特別適合青少年，在當時又是一種比較新穎、健康的運動，因此，他們提出了一句符合當地青少年文化的廣告口號："M—SHOW 動感衝浪，我要賽豹！" M—SHOW，用以表達 "動感秀" 或者是 "我的秀"。這句廣告口號，符合青少年叛逆、霸氣的個性和特點。

二、獲得消費者的評價

　　體驗行銷活動的主題定為：滑動的風景線。

　　藉由前期的培訓，讓很多孩子參加滑板車練習，然後挑選十個技術嫻熟的健康少年，組成 "衝浪表演隊"。

　　表演隊的每個少年，都佩帶著漂亮的頭盔、顏色鮮亮的披風，在學校、廣場、社區、商場門前等地方進行連續表演。

　　表演隊員們那俊秀的臉龐、蓬勃的朝氣、健康的身材、漂亮的動作、飄逸的身影，無不演繹著健康時尚、個性張揚。

　　少年表演隊所到之處，形成了一道迷人的城市風景線，吸引了很多青少年和市民駐足觀看，每個觀眾的臉上無不流露著好奇、羨慕和渴望。

三、讓消費者獲得產品

　　半個多月的衝浪滑板車表演，在濟南引起了很大的轟動，山東的很多媒體都進行了大量的報導。

隨後，又進行了免費體驗活動：活動要求電話預約，凡每週打電話前100名的青少年，都可到指定地點，進行免費體驗、試用。

這個活動開展後，每天都電話滿線，為了滿足青少年的需要，最後，決定同時在好幾個場所開展活動，增加免費體驗、試用人數，由原來的每週100人增加到400位免費體驗者。就這樣，一個多月的時間過去，有數千人參加了體驗活動，滑板車銷售量也暴增。

四、體驗整合

在體驗和銷售活動正在如火如荼地進行的時候，公司又舉辦了衝浪滑板車大賽，讓滑車體驗和銷售活動達到了一個高潮。

五、不斷拓展

自從濟南的衝浪滑板市場引爆之後，山東省其他地市，以及其他省市的十幾家經銷商紛紛來電要求經銷產品；部分外貿公司也積極爭取將產品出口到歐美和中東地區。一個簡單的產品說明會，就吸引了近百名客戶；短短兩天的洽談會，就簽訂了總額二百多萬人民幣的合同。

第八節　知識點總結

本章主要探討了全面顧客體驗的相關問題。下面是你需要著重掌握的：

知識點一：混合式體驗模式

混合式體驗是至少包含了兩種策略模組的體驗方式。體驗之輪是建立混合式體驗的策略工具。其中的策略體驗模組越多，結點也會相應增加，體驗之輪的效果也會提高，這種效果遠遠超越了單個體驗效果的總和。

知識點二：全面顧客體驗模式

全面顧客體驗模式是藉由提供服務體驗、購買體驗、使用體驗及應用體驗，讓顧客感受到一種個性化的與眾不同的體驗，並圍繞以顧客爲中心和爲顧客提供全面體驗的思想構築相應的運營模式，目的是讓顧客得到全面、優質的服務。

知識點三：全面顧客體驗過程

全面顧客體驗過程分爲五個環節：發現、評價、獲得、整合和拓展。

知識點四：360 度接觸行銷

消費者體驗過程中肯定要進行接觸，包括跟服務人員的接觸、與銷售人員的接觸、與產品或服務的接觸。在體驗接觸中，以下三點需要注意：體驗源於接觸；提高接觸點的含金量；在接觸點培養顧客情感。

知識點五：全面顧客體驗的資料管理

全面顧客體驗行銷的實施，應面向廣大的用戶。資料管理技術能幫助企業獲取有用的顧客體驗資訊，以制定相應的體驗行銷策略。資料管理包括資料蒐集、資料採礦、資料應用。

第 **11** 章
促進顧客參與

我們說顧客參與是體驗行銷的重要特徵，那麼該如何促進顧客參與呢？促進顧客參與有哪些問題需要解決呢？

本章將討論這些問題。

第一節　讓顧客參與生產

爲什麼整天忙碌的上班族喜歡在週末到郊區的農村去種菜？爲什麼有人喜歡到果園裏親手採摘果子？他們要的只是那個過程，那個親自參與的過程。科技的發達，繁忙的工作，使人們越來越遠離古樸眞實的生活，偶爾的親自動手生產讓他們體驗到生產的快樂。

一、給顧客參與生產的機會

體驗行銷的特徵之一是消費者主動參與。消費者的主動參與是體驗行銷的根本之所在，這是區別於 "商品行銷" 和 "服務行銷" 的最顯著的特徵。離開了消費者的主動性，所有的體驗都是不可能產生並被消費者自己消費的。所以，企業在設計體驗產品和服務時，要給顧客參與的機會。

讓顧客參與生產

　　在南投的 "蛇窯" 窯場裏，許多顧客可以按照自己的想法，直接製造獨具匠心的工藝品；在水里蛇窯的窯場中，很多中外遊客可以小心翼翼地設計自己的傑出作品；大陸海爾推出的 "訂製冰箱"，就是由消費者自己決定顏色與冰箱內部空間規劃，然後由企業為消費者生產的一種特製冰箱，一個月內就創造了百萬台以上的銷售量。

　　顧客在參與過程中同時扮演了消費者和生產者的角色，顧客參與不但可以提高組織生產力，也可以改善服務的效率。顧客因為實際參與了服務的生產過程，更加瞭解了服務人員可以提供的服務內容，對於服務品質的期望會較為實際，有助於縮短服務品質的期望和實際之間的差距，可以提升顧客對服務品質的知覺，增加顧客滿意度，而滿意的顧客對組織會有較高的忠誠度和承諾，可以提高顧客的重複購買意願和推薦行為。

IKEA 的顧客參與模式

　　聞名全球的瑞典傢俱製造商 IKEA，成功地引進了顧客參與的服務機制，從 20 世紀 50 年代的一間小型郵購傢俱公司，轉變成為了全球知名的傢俱零售商。IKEA 成功的關鍵在於賦予顧客新的角色，將顧客帶入生產系統中，由顧客參與制造和運送的過程，來為他們自己創造價值。

二、讓顧客參與商品或服務的生產

　　無論企業提供什麼樣的產品或服務，只有顧客自己才知道某種產品或服務與其生活的契合度，以及這些產品或服務帶給他們的體驗。滿足他們這些需求的最直接的方法就是讓顧客參與產品或服務的生產。讓顧客參與到產品的生產過程中，這種別樣的體驗才是最重要的。

微型案例　顧客自己做飯的餐廳

　　美國德州有一間 24 小時營業的餐廳，其面積不大、裝潢普通、地點偏僻，但卻顧客盈門。原來這個餐廳是一個沒有廚師、沒有服務生、沒有收費員的 "三無餐廳"，顧客藉由投幣從自動售食物原料機上取得原料，然後使用餐廳的廚房設施自己製作加工食物，這種方法適應了現代人對成就感、懷舊感、新奇感的需要，增加了生活情趣，因而取得了成功。國外也有製造商故意將製程中的某些環節交由顧客最終完成，例如最後組裝、局部改造，並提供多種可供選擇的方案。

　　現代工業文明使人們消費自己親自製成產品的機會大大減少，人們也越來越難以瞭解完整的產品製作過程，他們渴望能有更多的實踐體驗，證明自己的獨立性、生活能力、工作技能。讓顧客參與產品或服務的製造過程，正好滿足了他們的這種需求。

第二節　顧客參與的體驗點

　　體驗行銷的特點之一是顧客參與，為此，企業必須為顧客設置參與的體驗點。這些體驗點必須是基於顧客體驗需要的，是從顧客需求出發的。

　　設計體驗點可以從以下幾方面考慮：

(1) 設置顧客參與環節。在一些與消費者接觸的過程中設置顧客參與環節。例如在舉辦現場促銷活動時，可能會設置促銷點或舞臺，並配置人員進行活動宣傳，在這一過程中，促銷人員可以邀請台下的消費者一起互動，例如有獎問答、遊戲參與，或是產品的試用等。

(2) **設置參與點**。所謂的參與點就是體驗點。這種參與點不是免費的，顧客在付費的基礎上，自己動手選擇或者製作自己喜歡的商品。例如自助式餐廳，顧客在繳付了一定的費用後，就可以端著盤子到指定食物區挑選喜歡的食品。又例如現在很流行的 DIY 體驗活動，即是由商家提供原料，消費者自己動手製作產品，以台灣新北市的鶯歌鎮陶藝體驗為例，業者提供泥料、製作工具，其他則由顧客自己完成，從和泥、拉坯、雕刻、上色、打磨，顧客可以隨心所欲，按照自己的想法製作。其實，掏錢買一個陶製品可能都沒有自己動手所花的錢多，但是這種親手製作的樂趣才是最重要的。

微型案例　　**饗食天堂的顧客參與**

在饗食天堂餐廳裡，可以看到很多人開心地拿著夾子端著盤子，自己盛裝著各種菜餚。這就是自助吧：消費者在固定的費用下，自己在堆滿各式餐餚的自助吧中自行取用，因此可以看到好多人將餐點堆疊得高高的、滿滿的，得意之極。這項用餐方式的推出看似簡單，其實很有創意，關鍵是融顧客參與於就餐中，讓顧客在互動中找到吃東西的樂趣。

(3) **設置體驗環境**。體驗點也可以是現場的環境。星巴克是這方面的代表：顧客到星巴克不僅僅是為了一杯咖啡，他們更在乎星巴克營造的那種氛圍──家庭與辦公室之外的 "第三生活空間"。在這裏可以享受到店內輕鬆閒適的氣氛、迷人浪漫的味道、清靜幽雅的環境以及隨意的人際關係，體驗到星巴克所塑造的文化。

當然，顧客參與的體驗點也不止這幾種。行銷人員可以根據實際情況選擇最合適的。

第三節　促進顧客參與的策略

顧客參與，顧名思義，必須有顧客參與，沒有顧客參與就失去了本來的意義。那麼，如何才能讓顧客參與到體驗行銷的活動中？哪些方法能夠促進顧客參與？

(1) 設置好的體驗點。前面一節講了顧客參與的體驗點，好的體驗點能夠吸引顧客參與。

星巴克的氛圍、饗食天堂的顧客動手準備食材給廚師烹煮都是這些企業吸引顧客的體驗點。企業在實施體驗行銷時，要根據企業和產品的特點設計顧客參與的體驗點。

(2) 設置獎品。爲了鼓勵顧客參與到體驗活動中，可以設置適當的獎品。獎品可以是小禮品、免費試用產品、免費樣品贈送等。可口可樂公司經常舉行 "喝可口可樂中大獎" 之類的活動，活動獎品包括贈送可口可樂飲料、各種熱門的數位商品等。這些獎品吸引了大量的可樂迷們瘋狂購買可口可樂。

(3) 體驗地點的選擇要方便顧客。很多體驗促銷活動都將地點設在大型商場或車站捷運站，這些地方人潮流量大，體驗促銷的效果往往更好。如果地點過於偏遠，參與的人數較少，不僅達不到行銷目的，還造成了資源的浪費。

(4) 廣告。廣告藉由向目標市場傳遞有關企業或產品的資訊，可以打動顧客購買。廣告的範圍比較大，受眾面比較廣，好的廣告能夠吸引更多的顧客參與。

其實促進顧客參與的策略很多,設計體驗主題、營造體驗現場、設計體驗產品和服務、建立體驗品牌等的最終目的都是促進顧客參與。

第四節　量身訂製

個人化時代,人們越來越追求個人化的商品,量身訂製正是適應這一發展趨勢而提出的。量身訂製行銷的重點在於深入研究市場,特別是要有良好的市場調查能力和分析能力,要把消費者真正的需求和行為模式以及文化屬性釐清。

企業在進行量身訂製時要注意以下幾點:

(1) 在量身訂製體驗中,企業要明白顧客購買的不僅僅是個人化的產品,而且還是產品體驗的價值,如果個人化訂製不能滿足顧客的體驗價值,顧客就不會購買。相反,如果能夠滿足顧客的體驗價值,顧客願意為此支付一筆額外的費用。

(2) 在進行量身訂製的過程中,企業要建立顧客資料庫,掌握顧客的姓名、住址、電話、購買通路、購買數量、家庭成員的姓名和生日等客戶資訊。針對不同產品,在這些基本的客戶資訊下,還應該有適合於該產品的特殊資訊。例如運動鞋公司就應該有顧客的身高、尺寸、鞋子經常壞損的部位等與運動鞋直接相關的資訊。

(3) 當上述問題解決之後,如果是生產企業,就應該建立模組化的設計生產線。例如,在一次全球冰箱訂貨會議上遇到一位國外訂購商,海爾的管理人員向這位訂貨商詢問了當地消費者的資訊。這位訂貨商回國後,驚奇地發現,根據自己所提供資訊所製造的冰箱已經來到了面前。

(4) 進行個性化產品的設計和開發。在進行產品設計時，應該加強產品線
寬度、深度和幅度，也就是增加產品的型號、款式、品種，這樣才可
以讓消費者對產品進行選擇。

微型案例　量身打造

　　日本松下公司的一個子公司，為顧客量身打造個人化的自行車。該
公司能夠生產包括賽車、公路車、越野車等 18 種車型、199 種顏色圖案
的變型中的任何一種。整個生產過程是從零售店開始的，首先確定客戶
所需要的型號、顏色、設計選擇，以決定共用構件，然後再針對不同客
戶進行精確測量，確定具體的細部設計。

第五節　案例分析：超級女聲──全民參與體驗的節目

　　近年來選秀節目熱潮席捲全球，從美國的 American Idol，到英國的
Britain's Got Talent，以及台灣的星光大道、超級偶像等節目，都造就了許多
明日之星。在大陸地區，2005 年最熱門的選秀節目是什麼？沒有人否認就
是湖南衛視所製的播 "超級女聲"。當年，光是報名參加 "超女" 選拔的人
數就有 15 萬人之多；每週有超過 2000 萬名的觀眾熱切關注比賽；收視率突
破 10％。有人曾說，自從 "超女" 進入全國總決賽階段，每到週五，各地
飛往長沙的航班都是爆滿的，大批 "超女" 的粉絲一窩蜂地跑去為喜歡的選
手助陣。

　　為什麼 "超級女聲" 能獲得如此的成功？就在於全民參與！

　　無門檻的海選打破了原有選秀的規則和程式，整個過程不問出身、不問

來由，只要願意，誰都有機會參與。"超級女聲"幾乎無門檻的參與方式，以及由觀眾投票決定選手去留的評判方式，充分地把受眾融合到節目的互動參與中來，提高了"超級女聲"的貼近性和影響力。"超級女聲"無門檻的大眾參與方式和大眾投票決定選手去留的淘汰方式，張揚了一種"全民參與"的感覺。這種獨特的表現形式融合預選賽階段的超強互動參與性與百態情趣、復賽決賽階段的殘酷淘汰性，構成了"超級女聲"品牌成功的重要保障，從而成為了國內電視界、娛樂界的熱門事件，引發了廣泛的關注。

在這個歌唱比賽中，每個人都可是演出的一部分，"超級女聲"的表演、評委的精彩點評、主持人的幽默煽情、錄影現場大眾評審的即時選擇，乃至電視機前觀眾的簡訊參與，都在這個節目中扮演著角色。可以說，這個節目是全民動員，調動了參賽選手、評審委員、觀眾的參與性。

"超級女聲"在比賽中首創由觀眾傳送簡訊投票來決定選手去留命運的評選方式，即讓廣大觀眾有了一個支援喜愛歌手的表達方式，也增加了比賽與觀眾的互動性，讓觀眾不僅是收看比賽，更是參與到比賽中去。同時，簡訊投票也在一定程度上讓選手和觀眾感受到比賽的公正性和公開性。

這樣一檔節目，吸引了這麼多的目光。更難能可貴的是，"超級女聲"對於每一個關注它的人都是給予了回報的：湖南衛視、中國移動得到了利益回報，15 萬超女有了自我展示的舞臺，評審委員、主持人獲得了知名度，粉絲的生活變得多姿多彩，觀眾多了些快樂，媒體找到了話題，網站增添了人氣。

第六節　知識點總結

本章主要在討論體驗行銷中顧客參與的議題。以下知識需要重點掌握：

知識點一：讓顧客參與生產

現代工業文明使人們消費自己親自製成的產品的機會大大減少，人們也越來越難以瞭解完整的產品製作過程，他們渴望能有更多的實踐體驗，證明自己的獨立性、生活能力、工作技能。讓顧客參與產品或服務的製造過程，正好滿足了他們的這種需求。

知識點二：顧客參與的體驗點

體驗行銷的特點之一是顧客參與，為此，企業必須為顧客設置參與的體驗點。體驗點的設計可以從下面幾點考慮：設置顧客參與環節、設置參與點、設置體驗環境。

知識點三：促進顧客參與的策略

促進顧客參與的策略有：設置好的體驗點、設置獎品、體驗地點的選擇要方便顧客、廣告。

知識點四：量身訂製

量身訂製是基於消費者個性人需求而提出的。進行量身訂製要注意以下幾點：顧客購買的不僅僅是個人化的產品，而且還是產品體驗的價值；在進行量身訂製的過程中，企業要建立顧客資料庫；如果是生產企業就應該建立模組化的設計生產線；進行個人化產品的設計和開發。

第三篇

體驗行銷策略

第12章

感官體驗策略

感官體驗行銷的訴求目標是創造知覺體驗的感覺，它是要藉由視覺、聽覺、觸覺、味覺與嗅覺建立感官上的體驗。感官體驗行銷可用於區分公司和產品的識別，引發顧客的購買動機及增加產品的附加價值。本章將討論這些問題。

第一節　抓住感官刺激

迪士尼樂園的爆米花攤位，在生意清淡時，會打開"人工爆米花香味"，不久顧客便自動聞香而來；戴姆勒克萊斯勒公司特別成立了一個研發部門，專案處理"完美開關車門的聲音"；新加坡航空公司空姐身上的香水，是特別調製的氣味，成為新航的專利香味。

這些都是藉由感官刺激吸引消費者的成功做法。我們前面說過，感官是體驗行銷的一種方式，感官刺激是藉由對五種感官的應用，讓消費者產生某種感覺，從而刺激其產生購買的欲望。

感官刺激在體驗行銷中發揮著重要的作用，應該引起對感官刺激的重視。

行銷策劃者往往強調產品的功能、優勢，而忽略了消費者的感受，忽略了那些能夠引起消費者感官刺激的體驗點。這些體驗點也許不是產品本身原來強調的賣點，但是這種感官體驗對使用者而言，卻是非常親密而貼切的。行銷策劃者應該思考這些體驗點是否能夠刺激消費者的感官，如果是，就要充分加以利用。

打開所有的感官，利用感官來刺激消費者的某種慾望，這樣做的效果是驚人的。綜合完整的感官體驗，就會產生連鎖反應──印象儲存在腦中，如果觸到某種感官，就會觸發下一個，然後再觸發下一個……整個記憶與情感的情景突如其來地展開。世界上已經有無數的案例，成功地說明瞭如何以五種感官來建立行銷程式。

微型案例　感官刺激

　　以觸覺為例，在 Audi，觸覺學所涉及的範圍遠不止是讓駕車者觸感舒適，更涉及到生物工程學、操作邏輯學、設備外觀、按鈕，以及人在車內進行的各種推、拉、換擋、轉向、感覺和觸摸等動作。藉由對這些細節的苛刻要求，讓 Audi 車主享受到近乎完美的觸覺感受。

　　P&G 公司的 Tide 洗衣粉廣告突出了 "山野清新" 的感覺："新型山泉 Tide 帶給你野外的清爽幽香"。公司為創造清新的感覺做了各方面的努力，取得了很好的效果，Tide 洗衣粉在美國銷量一直名列前茅。

　　法國的 RICHART 巧克力（www.richart-chocolates.com）製作的巧克力被 Vogue 雜誌譽為 "世界上最漂亮的巧克力"。RICHART 首先把自己定位為設計公司，然後才是巧克力公司。所有 RICHART 巧克力都是在一個類似精緻的珠寶展示廳中銷售，巧克力裝在玻璃盒子中，陳列於寬敞、明亮的銷售店。產品打光照射，包裝也非常優雅，有不同的花樣與彩飾裝飾（特殊產品系列展示著一組漂亮的兒童繪畫），還可以根據顧客的要求製作特別的巧克力徽章。

以上案例中只用了一種或者兩種感官，我們再來看一個運用了五種感官的行銷案例。

微型案例　全方位感官刺激

星巴克顯眼的商標，整幅牆面豔麗的美國時尚畫、藝術品、懸掛的燈、現代又舒適的傢俱給人以視覺體驗；石板地面、進口裝潢材料的材質、與眾不同的大杯子，造成星巴克的觸覺體驗；獨有的音樂與咖啡豆的聲音，你會找到親切的聽覺體驗；而現磨現煮咖啡所散發出誘人的香味，以及口中交融的順爽感，可以領略到星巴克味覺和嗅覺的體驗，這就是星巴克迷人的五種感覺渲染。

人原本就是從五覺──視覺、聽覺、觸覺、味覺與嗅覺來構建對世界的感知的。從體驗經濟的觀點來看，企業是一個體驗策劃者，它不再僅僅提供商品或服務，而且還提供最終的體驗，充滿了感性的力量，可以給顧客留下難忘的愉悅記憶。

第二節　感官體驗的基本要素

感官體驗的基本要素源於五種感官。就視覺而言，色彩、形狀是最明顯的；就聽覺而言，音量、音調和韻律最能代表聽覺；就嗅覺而言，氣味毋庸置疑；就味覺而言，滋味、味道是可以感受的；就觸覺而言，物體的原料和質地是可以觸摸的。下面著重介紹色彩和音樂這兩種要素。

一、色彩

色彩是最重要的感官體驗要素，我們雙目所及，都是色彩，可以說我們生活在一個色彩的世界。產品色調的影響之大可能出乎你的想像。不敢想像沒有了色彩的世界將是什麼樣子。提到可口可樂這個品牌，你首先想到的是什麼顏色？毫無疑問是紅色，而百事可樂呢？當然是藍色。對於這兩個品牌來說，品牌和顏色已經融合在一起了，成為聯想下去的必然。

顏色也可以用於行銷，企業可以藉由優化產品的色調來優化產品的行銷。這方面最成功的例子當屬蘋果電腦。

微型案例　蘋果電腦的"顏色革命"

1998 年春天，蘋果電腦公司的市佔率再多年衰退後首次出現了上升趨勢。在連續 6 個季度的失利後，蘋果電腦公司公佈了季度利潤：淨盈利超過了 1 億美元，而華爾街也對其股價後勢看好。

蘋果電腦公司正處在自我轉變的過程中。一個重大的變化就是，公司決定刪掉商標上的七彩虹顏色，因為它太具有 20 世紀 70 年代過於濃重的懷舊色彩，對於電腦購買者而言，更能吸引他們的是新奇與變化。公司使用單色的商標來取代七彩虹。此外，公司推出了 6 種風情（不是6 種顏色）的 iMac 電腦，並且給這種光彩奪目的電腦配以速度驚人的處理器。iMac 在 6 周內賣了 27.8 萬台，成為最成功的電腦之一。《商業週刊》推選 iMac 為 1998 年度最優秀的產品之一。

每一種色彩都對應著一定的內在涵義，每一種色彩都給人以不同的感覺。黃色象徵著高興、愉快、愛心；紅色象徵著冒險、熱情、革命、激動；藍色象徵著沉穩、冷靜、距離；黑色則與莊重、沉穩相聯繫。要注意的是，顏色同時還要和產品、標誌的形狀、字體結合起來。

二、音樂

音樂可以說是另一個能夠有效創造或提高感官體驗的基本要素。聲音的大小、高低、快慢都為產品增添了不同的內容和意義。在現代生活中，音樂已經成為許多人的精神支柱之一。

在行銷活動中，音樂可以作為背景音樂出現，也可以作為主體要素出現，例如廣告影片中運用古典弦樂來凸顯優雅的品牌形象；也可能藉由屬於品牌或產品的專屬簡短歌曲，來讓消費者記憶住歌詞所要傳遞的品牌或產品價值，例如家電大廠大同公司早期所播送的「大同～大同～國貨好」歌曲；或是運用具有識別度的音樂來延伸未來品牌曝光或其他行銷應用的各種可能性，例如 MSN 即時通訊軟體在訊息進入時的特殊聲響，或是全家便利商店（FamilyMart）的開門特殊鈴聲。

需要注意的是，對於音樂的選擇要謹慎，要選擇跟當時當地的場景相配，以及符合所欲建立之形象的音樂，否則可能會有相反的效果。

第三節　風格

基本要素為風格的形成奠定了基礎。風格指感官形象中獨特的、持續的而又一致的品質。風格有多種，比如極度的簡單或者過分的裝飾，現實主義和抽象主義，動態和靜態，色彩斑斕和素雅，這些都可以歸納為風格的相異。無論是產品的風格還是商家本身的風格，都會給顧客造成深刻印象。對於行銷策劃者來說，應該注意使策劃方案和產品、企業的風格相一致，也要注意使產品的形象和銷售的公眾品位風格相一致。

以食品為例，亞洲的消費者更崇尚自然主義，比較喜歡天然食品。所以表現在行銷方面，亞洲市場上的包裝飲料都會描述產品原料的新鮮——諸如法國葡萄園的葡萄、黑褐色的咖啡豆、鮮豔欲滴的新鮮桃子。

再比如建築風格。位於上海市中心、淮海中路南側的上海新天地，由巴洛克式建築與現代建築組成。這片巴洛克式建築群的外表保留了當年上海傳統的建築風格，橘紅色的磚牆、屋瓦、石庫門，仿佛時光倒流，讓人置身於 20 年代。以中西合璧、新舊結合的海派文化爲基調，將上海特有的傳統巴洛克式與充滿現代感的新建築群融爲一體，使傳統與現代融爲一體。

再以裝潢爲例，坪數較小的房屋裝潢比較適合主題統一的裝修風格，它可以讓空間狹小的居室顯得簡潔、精緻。對於空間特別大的居室，可以將多種風格結合起來，不會使居室局限於一種固定的模式。

風格不僅表現在外在的形式上，而且要使產品的內涵與外延表現在風格上保持一致，比如，簡潔、素雅的服裝就不宜用華麗、繁雜的包裝。總之，風格要與企業文化和產品特性一致，同時，還要考慮消費者的品位。

第四節　主題

主題進一步擴展了風格的內涵和意義，成爲了一種精神支柱和參考點。主題是傳達企業和品牌內容與意義的資訊，是精神上的支柱、要點和記憶提示。主題可以藉由公司和品牌的名字、視覺特徵、口號或能喚起感覺想像的各種主題要素的綜合來體現出來。

主題可以藉由多種形式來表現，比如產品、企業氛圍等，但是最主要的表現形式則是廣告。下面我們來分析 NIKE 的主題廣告。

NIKE 是著名的運動鞋生產商，NIKE 除了以運動鞋著稱外，它的廣告也非常有特色。NIKE 廣告的主題始終圍繞體育，它訴求的目標物件也主要鎖定年輕人。NIKE 公司牢牢地和體育結合在了一起，牢牢地和年輕人結合在了一起。它根據各個國家的特點策劃廣告。華人社會，NIKE 創作的系列電視廣告採用了屬於華人的文化符號、華人的明星，拍攝了一組以籃球和球員爲主題的廣告。

作爲生產運動鞋的 NIKE 公司，和體育的聯繫是理所當然。NIKE 的廣告擅長發揮產品主題，將籃球與 NIKE 緊密連結在一起，使得其籃球鞋成爲消費者心目中最好的籃球鞋之一。在過去，NIKE 將自己與偉大的 NBA 球星連結在一起，在華人地區，藉著林書豪的聲勢正盛，NIKE 公司趁此良機推出如此廣告也就是理所當然的了。主題：籃球和籃球運動員。廣告的巧妙之處在於突出地表現了運動員絕佳的球技，具有相當的可視性和針對性。放在中國廣告普遍粗劣、無趣的背景下，這系列廣告更具有娛樂性，更能吸引目光。NIKE 品牌自然也就隨著觀眾對廣告的深刻印象而加深。

第五節　整體形象

整體形象指風格和主題形成的形象，形象還包括產品本身形象的塑造、廣告、代言人、媒體選擇等形成的潛在形象塑造。

一、產品形象

產品形象是社會對產品整體的、概括性的認識與評價，它包含品質、創新、服務以及商標的有關內容。產品形象是企業形象的基礎，它與產品在市場上的佔有率以及銷售額的大小都有著十分密切的關係。

西方企業非常重視對產品形象的塑造，因爲它們早就認識到，不管社會對產品整體的認識和評價是否與產品本身的實際相符，只要一旦某企業產品被評價爲"品質優良"、"技術先進"，那麼該企業的產品就會給公眾留下良好的印象,從而也就具有了較強的市場競爭力。也就是說,在現代市場經濟中,企業的產品形象已成為企業在激烈的市場競爭中取勝的關鍵。

　　產品形象的塑造是一項長期的工作,不能因為形象被消費者認可了就懈怠下來,還要做好形象維護工作。

微型案例　形象需要維護

　　法國的 LACOSTE 馬球衫行銷全球,公司堅持品質,絕不降低要求。製作每件衣服必須用 20 公里長的棉線織成,棉線必須選用上好的長纖維棉花紡成。即便年景不好,棉花品質低,公司寧可原料短缺,也不低價訂購次級品的棉花。

二、廣告

　　廣告的製作和傳播向消費者傳達了產品資訊,這些資訊肯定會影響產品的形象,影響消費者對產品的印象。所以,好的廣告能夠成就一個品牌。廣告成功的關鍵是要有準確的廣告定位。在確定所欲傳遞的整體形象後,行銷人員透過廣告,精準地將設計與建立的各式聯想(associations)傳遞予消費者,期能建立預設形象。

三、代言人

　　透過代言人,將代言人的形象移轉製產品或品牌上,是建立形象的理想手段。當然,代言人不是隨便選擇的,要選擇跟企業和產品形象相符的

代言人。例如邀請台灣的名媛孫芸芸
為 HITACHI 頂級家電產品代言，其個
人與產品形象就非常相符合。

自動槽洗淨科技 問世
[淨乎完美！]

　　代言人代表了企業的形象，代言
人的所作所為會讓消費者將其跟所
代言產品聯繫起來，所以代言人在很大程度上影響著所代言企業和產品
的影響力。例如以感情和睦為主要形象的銀色夫妻為家庭廚具代言，但
由於後來傳出外遇、離婚等與產品形象違背的負面新聞，代言也不得不
因此終止。

四、媒體選擇

　　現在，廣告媒體數目眾多，除了四大傳統媒體：電視、報紙、廣播、
雜誌以外，網際網路也已非常重要的媒介，此外，各種新興媒體也不斷出
現，例如說車身、人體等傳播媒介。媒體本身也會直接影響了形象的建立，
例如以頂級奢華精品為形象的服飾品牌，透過網際網路或是廣播廣告，就
不會是妥適的媒體選擇。

第六節　感官體驗的 S-P-C 模型

　　S-P-C 分別代表了感官刺激的刺激（Stimuli）、過程（Process）和結果
（Consequence）。刺激，即藉由什麼樣的刺激創造感官體驗；過程，即如
何傳遞刺激消費者；結果，即感官刺激所帶來的結果。

一、刺激

　　在資訊時代，只有那些能真正刺激顧客感覺、心靈和大腦，並且進一

步融入其生活方式的體驗，才會使顧客內心深處感受到強烈的震撼，才能真正擄獲顧客的心靈，得到他們的支持和認可。那麼，哪些資訊能夠刺激消費者，並引起他們的注意呢？

(1) **鮮明而顯著的事物。**研究發現，鮮明的資訊比較容易引起消費者的注意。比如強烈的聲響、濃郁的色彩和粗糙的表面總會比輕柔的聲響、柔和的色彩和光滑的表面更鮮明。顯著指的是相對而言比較突出的引人注目的事物，"鶴立雞群"、"萬綠叢中一點紅"都表達的是這個意思。

　　最明顯的例子就是麥當勞的黃色 M 標誌。

微型案例　　**黃色 M──麥當勞的標誌**

　　麥當勞的視覺識別中，最優秀的是黃色標準色和 M 字形的企業標誌。黃色讓人聯想到價格普及的企業，而且在任何氣象狀況或時間裏，黃色的可辨認性都很高。M 形的弧形圖案設計非常柔和，和店鋪大門的形象搭配起來，令人產生走進店裏的欲望。從圖形上來說，M 形標誌是很單純的設計，無論大小均能再現，而且從很遠的地方就能識別出來。M 字形的麥當勞標誌，跨越國界，成為最富有直觀聯繫的一種國際語言。

(2) **消費者偏好。**那些符合消費者喜好的要素、風格、主題和整體形象往往較能引起他們的注意，例如喜歡嘗試新事物的人，可能對最新的科技產品比較注意。

二、過程

過程比較複雜，但是過程往往很重要，它決定著顧客對產品的最終印象。刺激消費者可以藉由以下三種方法：

(1) **充分利用各種感官**。五種感官使人們感覺外在事物，外界的聲音、味道、顏色等都是藉由五種感官感知的。要充分利用五種感官來刺激消費者，特別是視覺和聽覺。例如採用峇里島風格裝潢的 SPA 館，可以讓消費者透過視覺而感受到放鬆與慵懶的氛圍。同樣地，SPA 館中空靈的音樂以及星巴克中播放的爵士曲風，也都能藉由聽覺舒緩顧客心情。

(2) **利用體驗工具**。體驗工具就是用來創造體驗的東西。其中運用較多的可能是電子媒介，尤其是電視和網路。

(3) **利用產品自身的特性**。產品自身的特性也許是最好的刺激消費者的手段。麥當勞發現，當麵包的氣孔直徑在 5 毫米左右時，放在嘴中咀嚼的感覺最好；可樂的溫度恒定在 4 攝氏度時，口感最佳；吸管的粗細也會因為影響了將飲料送入口中的速度，而使得消費者有獲得不同的感受。這些產品特性會讓消費者心甘情願為之付費。

三、結果

感官體驗是要藉由刺激獲得預期的消費者感受。所以在刺激實施之後，需要衡量與評估刺激的效果是否達成預期目標，並持續修正刺激與過程。

第七節　知識點總結

本章討論感官體驗策略。以下知識點需要重點掌握：

知識點一：抓住感官刺激

感官刺激是藉由對五種感官的應用，從而刺激消費者的行為。

知識點二：感官體驗的基本要素

感官體驗的基本要素源於五種感官。就視覺而言，色彩、形狀是最明顯的；就聽覺而言，音量、音調和韻律最能代表聽覺；就嗅覺而言，氣味毋庸置疑；就味覺而言，滋味、味道是可以感受的；就觸覺而言，物體的原料和質地是可以觸摸的。

知識點三：風格

基本要素為風格的形成奠定了基礎。風格指感官形象中獨特的、持續的而又一致的品質。對於行銷策劃者來說，應該注意使策劃方案和產品、企業的風格相一致，也要注意使產品的形象和銷售的公眾品位風格相一致。

知識點四：主題

主題進一步擴展了風格的內涵和意義，成為了一種精神支柱和參考點。主題是傳達企業和品牌內容與意義的資訊，是精神上的支柱、要點和記憶提示。

知識點五：整體形象

整體形象指風格和主題形成的形象。形象還包括產品本身形象的塑造、廣告、代言人、媒體選擇等形成的潛在的形象塑造。

知識點六：感官體驗的 S-P-C 模型

S-P-C 分別代表了感官刺激的刺激（Stimuli）、過程（Process）和結果（Consequence）。刺激，即藉由什麼樣的刺激創造感官體驗；過程，即如何刺激消費者；結果，即感官刺激所帶來的結果。

第13章

娛樂體驗策略

娛樂是我們生活的一部分，未來，娛樂可能是我們的生活目標之一。

麥當勞公司的總裁曾經對自己的員工說過："切記，我們不屬於餐飲業，我們是娛樂業！"。很難想像，如果有一天麥當勞不好玩了，孩子們沒有興趣去了，麥當勞還能存在下去嗎？

娛樂體驗就是藉由各種感官刺激使消費者產生興奮、滿足和審美享受。實際上，娛樂體驗被應用在企業的經營中並不是什麼新概念，我們身邊的星巴克咖啡、麥當勞、各種昂貴的時尚名牌——從 Dior 香水到金龜車，再到 NIKE 的運動鞋，這些企業的共同點都是：如果沒有了品牌形象帶來的 "那種 feel"，它們的利潤率至少要下降 80%。換句話說，這些企業是最早的 "體驗經濟" 企業，產品和服務對它們來說不過是某種 "體驗的承載平臺" 而已。

第一節　快樂體驗

娛樂追求的就是快樂，快樂能讓人忘卻暫時的煩惱和不快，快樂可以讓人放鬆心情，快樂是人們繁忙工作之餘的調味劑。換句話說，人們進行娛樂就是為了體驗快樂。伴隨著人們對娛樂的追求，商家的體驗行銷活動也融入了更多的娛樂成分，讓消費者在消費的同時體驗到快樂。

人的一生都在爲追求快樂、逃避痛苦而忙碌著。快樂是人天生就追求的東西，生活中如果缺少了快樂，就會如同飯菜中沒有了調味料一樣，缺少了最基本的味道。人生的路上豈能沒有笑容、沒有快樂？沒有快樂，生活將如一潭死水，沒有朝氣和活力。

當世界盃足球賽正如火如荼地進行的時候，全世界數億人參與到了這一狂歡活動中。但是幾十年前，足球僅僅屬於球迷，而今天已變成了四年一度可以與其他重要節日相提並論的全球性節日。在這個特殊的月份中，球迷、假球迷甚至非球迷們都變得界線模糊。四年一度的世足賽給大家帶來了綿延數月的快樂。

是什麼讓球迷數量如此迅速地增長？是什麼讓平常並不是球迷的人也會對世足賽興奮異常？除了足球本身的魅力，更重要的是，世足賽給人們帶來了快樂：巴西的浪漫、貝克漢的復仇……這些都是充滿著快樂、遺憾乃至悲傷的難以忘懷的快樂體驗。

商家也抓住了這一機會，推波助瀾，將人們對世足賽的瘋狂推向高潮，又爲人們製造了消費體驗——消費也是快樂的。

女性爲什麼喜歡逛街？其實有很多時候也是出於娛樂心理，女性進到百貨公司可以自由審美、自由支配、自由挑剔、自由選擇，這一過程是充滿著快樂的。但在正常生活中，她們常常被審美、被支配、被選擇。女性只有進入百貨公司才能自由，才有快樂，所以說購物是女人最大的娛樂。

第二節　性感體驗：抓住美的享受

隨著外來文化的滲透和國人意識的開放，特別是年輕人對流行文化的接納和吸收，人們對性感就不再那樣拘束了，性感也不再是人們避而不談的話題，更多時候，人們把性感看成一種時尚。今天，如果你遇上一個女孩，說：「哇！你今天穿得好性感啊！」這時，女孩會甜蜜地朝你一笑：「謝謝！」

行銷活動中也加入了性感的因素。例如一些廣告會將性感融入到內容。我們一起來欣賞以下性感廣告。

微型案例　　性感伏特加

Wolfschmidtd 的伏特加酒在沒有搭上性感廣告之前，只是美國千百個酒品牌中的一個平凡的品牌。後來，一個廣告人想到了性感，也想到了幽默。他讓一瓶直立的 Wolfschmidtd 酒瓶，對著一顆甜美的紅番茄說：「嗨，好正點的紅番茄，如果我們在一起的話可以生出漂亮的血腥瑪利，我可是和別的傢伙完全不同喔！」這顆甜美的紅番茄說：「我喜歡你，Wolfschmidtd，你的確好有品位喲。」這則廣告至少傳達了三個訊息：Wolfschmidtd 伏特加具有一種「性」的暗喻；它是有品位的酒；同時。只有 Wolfschmidtd 伏特加才最適合調酒。接著，這個廣告人又幽默了一下：一個平放著的酒瓶，對著一顆成熟的橘子說：「我是個有品位的人，我要挖掘你的『內在美』，還不快過來。」橘子說：「那上個禮拜我看到跟你在一起的那個騷貨，她又是誰？」幽默使性感廣告能被消費者愉快地接受，並喜歡上了 Wolfschmidtd 的伏特加酒。

在行銷中，對性感的運用要注意以下幾個方面：

(1) 符合產品特徵。必須與產品特徵構成聯繫，因為並非任何產品都適合藉由這種方式表現。比如，內衣、內褲產品本身與性感相關，很容易傳達性感資訊。而香水藉由借助受眾的想像，也能產生性感聯想。如果產品本身與性感沒有關係，藉由想像也無法與性感產生聯系，就不適宜實施性感行銷。如一種日本的答錄機廣告，生硬地以兩個裸體女性表現，其性感資訊與產品風馬牛不相及，自然達不到什麼好的效果。

(2) **融會特定的文化因素**。行銷的感性表現因素如果能和人民生活、風俗民情、社會時尚等結合在一起，或者說，能融會特定的民族文化、時代文化的因素，肯定會比單純直露地表現商品個性的性感廣告更有生活情趣和文化內涵，更有吸引力和震撼力，更能為消費者接受。

(3) **搭配合適的媒體**。性感廣告要選擇合適的媒體。第一，一定要選擇針對自己目標受眾的媒體，這是最簡單又最重要的原則；第二，選擇的媒體應能儘量避免接觸對性感廣告會持抵觸態度的人群，以及性感廣告會對其產生不良影響的人群；第三，選擇與性感廣告沒有形象衝突的媒體；第四，選擇能很好地傳遞性感資訊的媒體。

性感是一種美，適當的性感給人愉悅的視覺體驗。性感應堅持健康的原則，在追求視覺衝擊力時，表現與處理手法應含蓄，不可過於暴露。傳遞的內容應該是健康的、能帶來精神愉悅的，對受眾的引導方向則是趨於審美的。

第三節　探險與歷險

曾幾何時，我們對歷險故事充滿了好奇；曾幾何時，我們的書架上擺滿了歷險小說：《金銀島》、《福爾摩斯》、《魯賓遜漂流記》；曾幾何時，我們守在電視機前看歷險動畫片，我們總是對好萊塢大片充滿了期待，特別是帶有歷險色彩的大片，如《古墓奇兵》、《法櫃奇兵》、

《神鬼傳奇》。

現在，我們已經不滿足於這些視覺上的
體驗，我們更想親身體會充滿刺激、驚險的
場面。於是，攀岩、高空彈跳、峽谷漂流、
滑雪、水上摩托車、極地耐寒等運動應運而
生。這些運動滿足了一部分人追逐驚險與刺
激的需求。

當然，更多的人可能沒有機會嘗試這些驚險的運動。但是，生活中，
很多商家還是為消費者創造了小小的探險體驗。比如，熱帶雨林餐廳的
探險活動。

更大眾化的娛樂探險，可能是各種娛樂性公園的建立。例如台灣新
竹的六福村主題樂園以及高雄的義大世界，都設置了很多刺激性的活
動，滿足了大眾追求驚險與刺激的需求。

第六節　知識點總結

一、知識點總結

本章討論娛樂體驗的相關知識，下面幾點知識需要重點掌握：

知識點一：快樂和刺激

娛樂追求的就是快樂，快樂能讓人忘卻暫時的煩惱和不快，快樂可以讓人放
鬆心情，快樂是人們繁忙工作中的調味劑。快樂作為一種娛樂體驗，是由商
家創造的，消費者當然是要付費的。

知識點二：性感體驗：抓住美的享受

在行銷中，對性感的運用要注意以下幾點：符合產品特徵、融會特定的文化
因素、搭配合適的媒體。

知識點三：探險與歷險

人們對冒險越來越充滿興趣，探險和歷險的活動也越來越多地出現。體驗行銷中這方面的元素也多起來。適當地使用這一元素，能滿足消費者對冒險和刺激的渴望。

人類是富於情感的，人人都有與人溝通的內心需求。因為情感的存在，我們的生活變得更加豐富多彩，更有意義。情感體驗就是指物件與主體之間的某種關係的反映。它表現為不同程度的心理情感，以及對待客觀物件的一定的主觀態度。最吸引人的體驗是情感體驗，因為它觸及心靈。

第一節　感覺為什麼重要

所謂感覺，是人們藉由視、聽、嗅、味、觸這五種感官對外界的刺激或情景的反應或印象。

潛在消費者產生了購買動機以後，他們的購買行為還要取決於對刺激物的感覺，一切產品及其促銷活動只有藉由人的感覺才能影響消費者的購買行為。給消費者留下良好感覺的產品，消費者就會喜歡，進而產生購買行為；相反，消費者就不會喜歡，當然就不會購買。

生活中，人們都有追求美好感覺的傾向。回憶一下，你一定記得王品集團旗下餐廳親切細緻的服務品質、迪士尼樂園的童年幻想與歡樂、中

資料來源：中華航空

169

華航空笑容滿面儀態端莊的空中小姐……。生活中如此美好的記憶不勝枚舉，為什麼它們在你心中留下深刻的印象？因為它們帶給你美的感覺，讓你感受到了愉悅。

對於產品來說同樣如此：如果一種行銷策略能夠帶給消費者美好的感覺，消費者就會喜歡這個產品與品牌。如果能夠令顧客持續獲得好的感覺，就可以培養出強烈而持久的品牌忠誠度。

第二節　顧客情感要素

顧客的情感體驗有不同的程度，這是受到顧客的心情和情緒所影響。

一、心情

心情是一種不確定的感情，這種不確定表現在心情可能隨時會發生變化。走進星巴克，裏面輕鬆的氛圍、服務員親切的笑容可能會融化你一天的緊張心情；超市收銀員一句不禮貌的話語也可能破壞你原本愉快的心情。

心情的易變是特定刺激導致的，所以藉由特定的刺激，會給人帶來不同的心情。消費者在消費過程中的心情往往影響其購買決定，商家應該致力於幫助消費者營造愉快的心情。基於這點，很多聰明的商家想出了各種取悅消費者的方法，例如加油站為前去加油的司機準備了飲料；餐廳為顧客提供一份免費的水果或甜點；很多店家也會準備了糖果或小禮物送給消費者同行的小朋友。

二、情緒

情緒是人的一切心理活動的背景，它表達了人與客觀事物之間極其複雜的相互關係，以及客觀事物對個體的多方面影響的意義，組成了十分多樣化的情緒類別，例如憤怒、怨恨、急躁、不滿、憂鬱、痛苦、失意、恐懼、嫉妒、羞愧、內疚等，有人稱之爲耗損性情緒。這些情緒在一定程度上會耗損我們的能量。但是，這些負面的感受若不過量，還是有其積極價值的。

　　當然，情緒並不都是負面的，有些情緒具有積極的作用，比如愉快、勝任、勇敢、自信、感激、同情、安穩、關懷和被愛等令人心情舒暢的感受，有人稱之爲動力性情緒。

第三節　情感體驗介質

　　情感體驗介質包括人、機構和情境。情感體驗介質也會對體驗者的情緒產生影響。

一、人的介質

　　人在情感體驗中涉及層面很廣。消費者經常接觸到的「人」主要爲：代言人、銷售或服務人員。

(1) 代言人。人都比較重視情感，每個人心中也都有一個情感寄託的偶像。有時候形象代言人，正是基於運用消費者對於偶像的情感而設計。例如在台灣，立頓茶飲系列邀請知名歌手王力宏代言，根據平衡理論，如此能夠藉由民眾對於王力宏的正向情感，而使得消費者對於產品或品牌也產生正向的情感連結。

(2) 銷售或服務人員。售貨員是最直接地與消費者接觸的人員，他們的一言一行最能影響消費者對產品的感覺。一個優秀的銷售員能帶給消費者愉悅的情感體驗。相反，一個態度惡劣、言行粗魯的銷售人員則帶給消費者不愉快的情感體驗，也形成相應的壞印象。

二、機構

機構主要指企業，企業的形象會影響消費者對產品的購買。王品集團讓人有優良服務品質的形象，在王品集團旗下餐廳用餐自然會產生好的情感。

Perrier 維護企業形象的例子

1989 年 2 月，美國食品衛生檢驗部門宣佈，在抽樣檢查中發現一些 Perrier（沛綠雅）礦泉水含有超標 2～3 倍的苯，長期服用有致癌的危險。消息傳出，無疑是對這家公司的迎頭痛擊。面對這種尷尬局面，一般的做法是收回那些不合格產品，表示歉意，以期息事寧人。

但是，出人意料的是，這家公司卻沒有採取大事化小、小事化無的做法，反而召開記者招待會，宣佈就地銷毀已運往全世界的 1.6 億瓶礦泉水，隨後用新產品抵償。此舉讓公司的直接損失達 2 億法國法郎。有人不解：為了幾瓶有問題的礦泉水，何必如此大動作？幾瓶礦泉水有問題算不上什麼大事，而 Perrier 銷毀全部產品卻是個特大新聞。消息傳出後，Perrier 的名字瞬間家喻戶曉。該公司事後說：如果直接用 2 億法國法郎做廣告，也無法產生如此大的影響力。

當 Perrier 新產品上市的那一天，巴黎、紐約等大城市的報紙全都用整版的篇幅刊登了廣告，畫面上還是人們熟悉的那個葫蘆狀的小綠玻璃瓶。電視螢幕上，觀眾看到了一隻正在"哭泣"的綠色玻璃瓶，一滴礦泉水從瓶口淌出，猶如一滴眼淚。畫外音是一個慈父般的聲音："不要哭，我們仍然喜歡你。"這則寓意深長、充滿人情味的廣告馬上贏得了無數消費者的認可。

三、情境

情境是企業為顧客搭建的一個舞臺，給顧客提供的一個外部環境。有了這個舞臺，顧客才能參與到企業產品的生產和消費過程中。

第四節　消費過程的情感體驗

情感體驗主要來源於消費過程，因為消費過程中的接觸和互動能產生強烈的情感。在消費過程中，顧客可能體驗到哪些情緒？高興、生氣、樂觀、悲傷、滿足、不滿、平靜、恐懼、熱愛、憂慮、興奮、羞愧、浪漫、孤獨，都有可能，這要看消費過程中，商家給了消費者什麼樣的體驗。

情景一：想像一下，作為男士，你的妻子讓你順便從超市帶些女性用品回來，你會是什麼感覺？我想大多數男士都會感覺不好意思，當你在女性用品專區購買時會感到害羞。你可能不會認真地挑選，而是隨便拿了一些，然後匆匆忙忙地離開。

情景二：現在，你打算去買一件某品牌的衣服，那種牌子你心儀已久。但是令你失望的是，你跑了幾家賣場卻沒有買到，因為這幾家賣場沒有這個品牌專櫃。而此時，你已筋疲力盡。這時，你是什麼感覺？不錯，沮喪和強烈的受挫感。

情景三：你在一家服裝專賣店試了半天時間的衣服，卻沒有一件合適的。但是，你不但沒有失望感，反倒覺得對不起那位店員，因為在你試衣的時候，她一直在不厭其煩地給你換衣服，幫你提建議。當你因為買不到合適的衣服而遺憾時，那位可愛的銷售小姐拿起電話給另一家連鎖店打電話詢問有沒有你要的尺碼的衣服。最後，還告訴你詳細的地址。這時，你會是什麼感覺？對，愉快極了！

只因爲這位負責的、熱情的銷售小姐。

情景四：你走進一家餐廳，點了一份套餐。你看完了一份報紙（足有 20 分鐘），可是你的套餐還沒有來。你環顧四周，發現旁邊比你晚到的客人都已經在用餐了，你覺得很生氣。當你質問服務人員時，她不但沒有表示歉意，而且語氣表現得不在乎。這頓飯你還能開心地吃下去嗎？

可見，消費過程中的情感體驗，除了消費者自身的情緒影響外，更多地來自與其面對面交流的服務人員的服務態度。好的服務態度，一定程度上能夠挽回其他方面（比如產品品質、時間問題）的不足。服務人員一句體貼的話語、一個關心的眼神、一個細心的動作，都可能提供給顧客一次愉快的體驗。

實施體驗行銷的企業應該關注終端銷售，爲消費者提供完美的體驗過程。

第五節　情感廣告

情感廣告是指廣告的內容或者廣告的表現形式以感情爲主線，藉由人類最基本的感情打動受眾，以期藉由情緒與情感來喚起情感與品牌之間的聯繫。它們側重於感情表達，很少直接表述產品或服務的資訊，只突出廣告的表現手法。

情感廣告是情感體驗的訴求方式。情感是人類永恆的話題，也是維繫人與人之間關係的基礎。眞實、溫暖的情感不僅能夠感動自己，就是其他人見之、聞之亦會動容。一個品牌或產品如果能深深地打動消費者，就一定能將消費者心動的漣漪延展到購買行動結束。

我們來看幾個經典的情感行銷的廣告，從中領略一下情感帶給消費者的震撼。

經典廣告

經典廣告之一：一對恩愛的夫妻執手走過多年風雨，有一晚臨睡前，妻子問丈夫："我們會不會一起死去，就像我們在同一時間結婚？"看著妻子迷濛的淚眼，丈夫摟緊了妻子，含著笑深情地說："你要先去天堂好好等著我，這樣，你就不會看到死去的我了……"妻子聞言，摟緊丈夫，哭了。這是英國保誠人壽企業形象廣告"誠心誠意，從聽開始"篇。夫妻間至死不渝的愛情感人至深。同樣是一個很平常的場景，只是夫妻間很平常的對話，但是跟企業形象結合起來，就能使人們對企業產生好感，使人們在情感上產生共鳴。

經典廣告之二：美國貝爾公司的一則廣告：一天傍晚，一對老夫婦正在進餐，這時電話鈴聲響起，老太太去另一間房接電話。回到餐桌後，老先生問她："是誰來的電話？"，老太太回答："是女兒打來的。"老先生又問："有什麼事嗎？"老太太說："沒有。"老先生驚訝地問："沒事？幾千里地打來電話？"老太太嗚咽道："她說她愛我們！"兩位老人相對無言，激動不已。這時，旁白道出："用電話傳遞你的愛吧！"

　　這類廣告後來也成為台灣許多電信廣告參考的選項，還記得台灣高鐵推出的父親買魚篇嗎，父親因為女兒要回家到市場買了一條大魚，過程女兒打電話來說不回家，老父之後改買了一條小魚，一副落寞的樣子，場景就轉換高鐵的畫面，訴求搭高鐵很方便，回家看看老父吧，這廣告也引起許多外鄉遊子的共鳴。

　　親情、愛情、友情等情感的融入，不僅僅是讓廣告和產品擁有了生命力，更重要的是，它能讓消費者從中找到自己過去和現在的影子，激起產品和消費者之間的共鳴。

　　廣告若能融進適當的情感，定能抓住消費者的注意力，貼近消費者的心。

第六節　知識點總結

　　本章主要探討了情感體驗的問題。以下知識點需要重點掌握：

知識點一：情感體驗中的感覺

如果一種行銷策略能夠帶給消費者好的感覺，他們就會喜歡這種產品，甚至喜歡這一企業。如果能夠令顧客持續獲得好的感覺，就可以培養出強烈而持久的品牌忠誠度。

知識點二：顧客情感要素

顧客的情感體驗有不同的程度，比如積極的情感體驗、消極的情感體驗或者緊張的情感體驗。顧客的心情和情緒會影響情感體驗的程度。

知識點三：情感體驗媒介

情感體驗介質包括人、機構和情境。情感體驗介質也會對體驗者的情緒產生影響。

知識點四：消費過程的情感體驗

情感體驗主要來源於消費過程，因為消費過程中的接觸和互動能產生強烈的情感。消費過程中的情感體驗，除了消費者自身的情緒影響外，更多地來自與其面對面交流的服務員的服務態度，企業應該關注終端體驗。

知識點五：情感廣告

情感廣告是指廣告的內容或者廣告的表現形式以感情為主線，藉由人類最基本的感情打動受眾，以期藉由情緒與情感來喚起情感與品牌之間的聯繫。它們側重於感情表達，很少直接表述產品或服務的資訊，只突出廣告的表現手法。

第 15 章

文化體驗策略

文化體驗涵蓋了我們前面所介紹的娛樂體驗和情感體驗的核心內容。它藉由傳遞消費者認同的文化來激起他們內心的共鳴，帶給個體在情感、身份、思想等諸方面難忘的體驗經歷。但是它又超越了個人體驗範疇，讓個體與更廣闊的社會文化背景聯繫起來。

第一節　什麼是文化體驗

說起文化體驗產品，最典型的莫過於可口可樂了：可口可樂不僅僅是一種飲料，它同時也代表了美國文化，就如同萬寶路香煙和西部牛仔一樣，成爲美國文化的象徵。人們在消費這些產品的同時，更多的是在體驗一種美國文化。

文化作爲一個社會意識形態、價值信念、倫理道德、風俗習慣等的總和，在塑造消費者良好體驗的過程中，扮演著舉足輕重的角色。它首先藉由使人們回歸一些最安全、最持久的信仰來滿足人們最原始質樸的情感需求。其次，文化作爲一種習慣行爲，給予生產者藉由文化生產系統創造新概念並把品牌與其象徵意義相聯繫的空間，從而爲消費者創造獨特的價值意義和體驗。

每個民族都有不同的文化，每個地區，甚至每個家庭的文化觀念都存在差異。以顏色為例，紅、黃、綠、藍、紫、白、黑等都有各自的象徵意義。一般華人社會而言，白色代表純潔，紅色代表熱情喜慶，黑色代表哀傷或莊重肅穆，綠色象徵生命、青春與和平。但在不同的國家，相同的顏色可能具有完全不同的象徵意義。藍色對絕大多數美國人來說，是最有男子漢形象的顏色；而在英國和法國，紅色才具有相似的意義。在日本，灰色是同廉價商品聯繫在一起的；對於美國人來說，灰色卻代表著昂貴、高品質，並且值得信賴。

文化的核心是價值觀。文化價值觀為社會成員提供了關於什麼是重要的、什麼是正確的以及人們應追求一個什麼最終狀態的共同信念。它是人們用於指導其行為、態度和判斷的標準，而人們對於特定事物的態度一般也是反映和支持他的價值觀的。

微型案例　社會文化對即溶咖啡的影響

當即溶咖啡首次引入美國市場時，美國的家庭主婦大多抱怨其味道不像真正的咖啡。但當這些家庭主婦被蒙住眼睛試飲時，她們中大多數人都辨別不出哪一種是即溶咖啡、哪一種是傳統咖啡。這說明她們對即溶咖啡的抵制只是由於心理的原因。進一步的研究證明，主婦們拒絕即溶咖啡的真正原因是她們認為購買即溶咖啡的人都是一些懶惰、浪費、不稱職的妻子，並且是安排不好家庭計畫的人。這與當時的美國社會文化價值觀相關，當時的美國處於男尊女卑的年代，婦女缺乏自信，她們把照顧丈夫和孩子作為生活中的要務。

今天，喝即溶咖啡已是一件再平常不過的事情，家庭、辦公室，甚至旅途中都能看到即溶咖啡的身影。因為現在是一個宣導婦女解放的時代，更多的婦女投入到了社會活動中，這種方便快捷的咖啡當然就被人們接受並推崇了。

可見，消費者的文化價值觀決定了他對不同活動和產品的重視程度，也影響著產品或服務的成敗。在市場上，能及時滿足文化需求的體驗產品，獲得消費者認可的可能性要大得多。也就是說，與消費者的文化相符的產品和服務更有可能被消費者接受。

第二節　時尚文化體驗

時尚，一個現在非常流行而熱門的詞語，引起了眾人的追求與喜愛，追求時尚似已蔚然成風。那麼，究竟什麼是時尚呢？時尚就是在特定時段內率先由少數人嘗試，而後來為社會大眾所崇尚和仿效的生活方式。簡單地說，時尚就是 "時間" 與 "崇尚" 的相加。在這個極簡化的意義上，時尚就是短時間裏一些人所崇尚的生活。這種時尚涉及生活的各個方面，例如衣著打扮、飲食、行為、居住甚至情感表達與思考方式等。

(1) 名人是時尚的引領者。時尚總是由少數人開始的，然後其他人開始模仿，最後成為整個社會的時尚。也就是在時尚形成的過程中，某些人起著示範效應。在時空限制越來越小的今天，時尚潮流能夠跨越國家、跨越洲界。在時尚元素的流行過程中，媒體起著非常大的作用。政界領導人、影星、歌星等都能領導時尚潮流，這些人往往是時尚潮流的引領者，包括其時尚服裝、時尚髮型、時尚彩妝等等。例如：

當美國總統歐巴馬夫人在就職典禮晚會穿上了台裔設計師吳季剛的白色禮服後，吳季剛的品牌與服飾成為一種時尚。當年，時尚女王瑪丹娜使內衣外穿，也讓此穿衣風格成為一種可接受的時尚。湯姆克魯斯在電影《捍衛戰士》中戴了一副 "雷朋" 太陽眼鏡，也

為 "雷朋" 帶來熱銷。韓劇的熱播形成了一股哈韓熱潮，凡是跟韓國有關的商品都受到哈韓族的追捧。所以近幾年來台灣的電視或電影在劇中的演員用同一款手機，穿同一品牌的衣服就不足為奇。

(2) **時尚是不斷變化的**。時尚絕非現存恒定的，而是總在生成變化的。不同的時代，時尚的內容是不同的。時尚是特定時段的生活態度、觀念的外在反映。比如，50-60 年代的台灣，穿著喇叭褲、厚底鞋，戴著半張臉大的太陽眼鏡都是一種時尚的表現；80-90 年代這樣穿恐怕就顯得落伍；但是到 21 世紀初期，似乎復古的打扮又重回為時尚，街上又開始出現許多穿著寬大褲管、戴著復古大太陽眼鏡的年輕女性。時尚就是這樣，不斷地推陳出新，甚至循環。

(3) **時尚總是下向上學**。所謂下向上學即開發中國家向已開發國家學習、下層人士向上層人士學習。

　　時尚是個包羅萬象的概念，它的觸角深入生活的各種方面，人們一直對它爭論不休。不過一般來說，時尚帶給人的是一種愉悅的心情和優雅、純粹與不凡的感受，賦予人們不同的氣質和神韻，能體現不凡的生活品味：精緻、展露個性。同時我們也意識到，人類對時尚的追求，促進了人類生活更加美好，無論是精神的或是物質的。

　　時尚影響消費行為，企業必須瞭解並適應某種消費時尚。如果一個企業能及時抓住剛剛出現的某種消費時尚，比其他企業領先一步，生產出符合時尚的產品，就一定能成功。企業產品必須隨消費時尚變動而變動。

第三節　身份文化體驗

　　人們的消費水準往往是與其所處的社會階層相關的。從一定程度上來說，消費水準反映了一個人的社會地位。一般來說，社會階層具有以下特點：

◎同一社會階層內的兩個人，之間的行為要比來自不同社會階層的人更加相似。

◎人們以自己所處的社會階層來判斷各自在社會中佔有的高低地位。

◎某人所處的社會階層並非由一個因素決定，而是受到職業、所得、財富、教育和價值觀等多種因素的制約。

◎個人能夠在一生中改變自己所處的階層，既可以向高階層邁進，也可以跌至低階層。但是，這種變化的變動程度，會因某一社會的階層僵固程度而有不同。

◎商品也是衡量人們身份與地位的標準，一個人的衣著品牌、消費水準、喜歡的娛樂、常去的餐廳，都會將他歸類，打上記號，劃入某一個特定的社會群體。人們的消費有時是與其身份地位相關的，或者說消費有時是身份的展現。對消費者而言，高級商品代表著身份與榮耀、悠閒與自豪，代表著一種時尚！

　　人們在日常生活的各方面總是做出一些暗示來鞏固自己的身份和地位。比如，一個公司經理，他的舉手投足都努力與他的身份相符：他所穿的服裝、他手提的公事包、他的言談舉止等都試圖告訴人們他的身份。

　　這種心理表現在消費方面，就是看你是否重視商品的品質、對商品的價格是否看重等方面。消費水準比較低或社會地位比較低的人，可能對商品的品質、品牌、款式要求不高，只求價格便宜。相反，消費水準較高的人，可能比較看重品質、品牌，而不在乎價格的高低。

(1) **品牌與身份**。與名不見經傳的商品相比，消費水準較高的消費者更喜歡知名品牌，在他們看來，品牌顯示了一個人的地位與品位。Gucci 一向以高檔為訴求，以 "**身份與財富之象徵**" 之品牌形象為上層消費族群喜愛。

(2) **價格與身份**。價格也能顯示一個人的身份。身份地位較高層次的消費者在購物時，消費水準總要與其身份地位相適應，也即是總會購買價格較高的商品，對於便宜廉價的商品，他們並不會喜好，因為那樣做並不符合身份。因此，高級精品的行銷人員，也會鎖定此些族群作為目標示場。

微型案例　　**價格與身份**

　　在印尼，有一種久負盛名的傳統服裝——Batik，它是用一種特殊工藝由印尼婦女手織而成的。自從一位青年設計師將傳統圖案革新為現代圖案之後，其精美與典雅、娟秀與華麗並存的萬種風情深受印尼婦女的青睞與喜愛。不少到東南亞的遊客也常光顧 Batik。一位日本遊客告訴年輕的設計家，把 Batik 拿到日本也一定能打開銷路。隔年，這位雄心勃勃的年輕人帶著他的 Batik 來到日本，舉辦了一個場面頗為壯觀的時裝展覽。許多日本社會名流婦女應邀光臨，她們對 Batik 讚不絕口。但最終結果卻使這位年輕人大失所望：並沒有多少人願意購買 Batik。困惑之餘，年輕人請來了一名日本諮詢專家。這位專家告訴他：是價格出了問題，你把 Batik 的價格定得太低了，這些上流社會的婦女如果買了件便宜貨穿在身上，別人問起來，她會感到臉上無光，即價格與其身份不符。年輕人恍然大悟。他進一步改進了設計，並再次進軍日本貴婦市場，這一次定價比上次高出 3 倍。正如所料，雖然 Batik 身價倍增，但卻很快就被搶購一空。

　　企業在進行市場定位時，不可忽視的一個方面就是消費者的身份。你的目標消費物件是大眾群體，還是少數富有階層？你要據此確定產品的價格和品位，生產與目標物件身份體驗相符的產品。

第四節　地域文化體驗

　　地域文化對於消費體驗的影響也非常大。就拿日常購物來說，美國人喜歡週末開車到較遠的地方一次性購買足夠一周用的商品；而日本的家庭主婦則是兩至三天要到超市買一次東西，購買特點是多品種、少量化。這兩種不同的購物習慣與兩國婦女在社會中扮演的角色有關係，美國婦女大多參加工作，平時沒有足夠的時間，而日本婦女大多是家庭主婦，因此有較多的時間。這樣，日本消費者的需求培育了數量龐雜的傳統零售店和批發商，而美式消費則造就了一批 Wal-Mart 式的商業巨無霸、連鎖店、廉價商店和直銷企業。就飲食文化而言，在台灣的都會區由於多以雙薪家庭結構為主，每一位家庭成員都忙碌於工作與家庭之間，已經很難三餐都在家開伙一同享用，幸好台灣都會區有著全世界密度最高的 24 小時便利商店，讓忙碌的都會人經常是選擇便利商店解決一天中的其中一餐或宵夜。

　　地域文化與生活方式有著極為密切的聯繫，地域文化規定了人們一定的生活方式，教育人們以什麼樣的方式生活，如衣食住行、婚喪嫁娶等生活方式因地點不同而不同。在不同的地域文化背景下，人們的生活方式會產生較大的差異，自然會形成不同的消費心理與購買行為。例如，在先進國家，由於生活節奏快，人們喜歡到速食店就餐，即使是在家就餐，也是購買半成品烹調，所以速食食品、半成品食品非常流行，有很大的市場需求。而就老一輩的華人飲食習慣來說，則喜歡購買各種主副食品原料，自己烹調，既合口味，又很經濟。相比之下，速食食品只是在人們外出辦事或條件不許可的情況下才偶爾消費。但在商業活動活躍的香港，新加坡，台灣，年輕人外食反而成為常態。

不同的地域文化造就了不同的價值觀，表現在消費行為上，就形成了不同的消費觀念。例如，華人傳統的日常消費方式是一次付清，而美國人是習慣分期付款購物。當然，隨著長時間以來各信用卡公司或是通路業者提供予消費者分期付款的促銷誘因，此一地域性消費文化也開始慢慢改變，也越來越多華人消費者習慣使用分期方式購物。

地域文化策略的運用有一個優點──利用地域文化引發消費者的家鄉情結可以使企業達到事半功倍的效果。台灣菸酒公司的台灣啤酒在經歷台灣啤酒市場開放之後，市佔率逐步下滑的危機，經歷過幾次嘗試後最終把目光轉向了發掘地域文化之上，它藉由"在地生產，有青才敢大聲……"等一系列找來伍佰代言。

洋溢著在地生產的訴求，撥動了台灣人的心弦，使其市場佔有率止跌並迅速擴大，終於在台灣啤酒市場站穩了腳。

第五節　思想體驗

文化體驗包含的一個重要方面是特定的思想價值觀。體驗行銷還要考慮特定的思想觀念。如果價值理念針對的是特定的文化背景，體驗行銷人員就必須對這些思想文化的差異保持高度的敏感，因地制宜地調整市場行銷策略。

NIKE 公司 "恐懼鬥士" 的籃球鞋廣告片，曾在中國地區引起軒然大波。這是由有小皇帝之稱的籃球明星 LeBron James 所主演名為 "恐懼鬥士" 之籃球鞋廣告片，廣告中的體育明星打敗了作為中國圖騰形象的龍和武術大師。龍是中國文化的象徵，而武術是中國的驕傲。這讓人感覺是美國文化打敗了中國文化，這讓中國人感覺受到了侵犯和侮辱。最終，NIKE 不得不撤掉了這則廣告。

迪士尼公司曾宣佈要在佛州與麻州附近的一個美國內戰時的主戰場舊址上修建一個主題公園，這座公園被稱為 "迪士尼的美國"，其背後的想法是藉由騎馬及其他活動，包括模擬奴隸制，使參觀者 "切身體會" 一下美國內戰的那個時代。然而，在諸多歷史學家、政治家及憂慮的市民展開了一場大爭論之後，迪士尼公司最終在 1994 年放棄了這一計畫。

現在的市場是一個思想體驗的市場，公司除了考慮利潤外，更要關注人們的思想。所有的公司都面臨著信念的抉擇。所以，21 世紀的市場是爭奪人們頭腦的市場。生態平衡、環境、人權、倫理學、動物權益、宗教、民族、能源供應，這些都成為影響人們消費的因素。

在全球性的行銷策略中，市場行銷人員要考慮各個國家、不同地區消費者的思想文化理念，要從尊重這些理念的角度去實施體驗行銷。

第六節　案例分析：雀巢咖啡的文化體驗

雀巢咖啡是大家非常熟悉的一種咖啡飲料。雀巢公司非常重視行銷策略。它的廣告策略充分考慮了不同國家的文化特徵，其廣告尤其注重與當地年輕人的生活形態相吻合。

在英國的廣告中，雀巢金牌咖啡扮演了一個在一對戀人浪漫的愛情故事中促進他們感情發展的角色。

　　1961 年,雀巢咖啡進入日本市場時,當初採取的是產品導向的廣告戰略。電視廣告首先打出 "我就是雀巢咖啡" 的口號,樸素明瞭,反覆地在電視上出現,迅速贏得了知名度。之後,緊接著於 1962 年,根據日本消費者以多少粒咖啡豆煮一杯咖啡來表示咖啡濃度的習慣,開展了 "43 粒" 的廣告運動,可謂典型的 USP(獨特的銷售主張)策略。廣告片中唱著 "雀巢咖啡,集 43 粒咖啡豆於一匙中,香醇的雀巢咖啡,大家的雀巢咖啡"。由於其旋律優美,竟變成了大街小巷的兒歌。20 世紀 70 年代,雀巢咖啡 "了解差異性的男人" 的廣告運動表達了這樣的概念:"雀巢金牌咖啡所具有的高格調形象,是經過磨煉後的 '了解差異性的男人' 所創造出來的"。廣告營造了 "雀巢咖啡讓忙於工作的日本男人享受到剎那的豐富感" 的氣氛,至今讓許多日本人印象深刻。

　　雀巢咖啡在台灣發展史中的廣告戰略,可以分為兩個階段。20 世紀 80 年代早期,首先以 "味道好極了" 的樸實口號問世,勸說國人也品味西方的 "茶道"。那時候,對於許多年輕人來說,與其說他們是在品嚐雀巢咖啡,還不如說他們是在悄悄地體驗一種逐漸流行的西方文化。"味道好極了" 的運動持續了很多年。儘管其間廣告片的創意翻新過很多次,但口號一直未變。它幾乎成了 20 世紀 80 年代每個廣告人都津津樂道的成功範例。現在,雀巢咖啡投放了新版的系列電視廣告,主題是 "好的開始"。廣告以長輩對晚輩的關懷與支援為情感紐帶,以剛剛進入就業市場的年輕人為主角,表現了雀巢咖啡幫助他們減輕工作壓力,增強接受挑戰的信心。這是在意識到 20 世紀 90 年代台灣年輕一代的生活形態發生微妙變化後,雀巢公司所做出的反應。當今的年輕人,他們渴望做自己的事,同時又保留

資料來源:雀巢咖啡官網

著傳統的倫理理念；他們意識到與父輩之間的差異，但他們尊敬他們的家長；他們渴望獨立，但並不疏遠父母；雖然兩代之間有代溝，但有更多的交流與理解；他們有強烈的事業心，但也要面對工作的壓力和不斷的挑戰。這就是當今年輕人的生活形態！它也成了雀巢咖啡 "好的開始" 廣告的溝通基礎。

雀巢咖啡的廣告策略中展現了體驗的成分，尤其是文化體驗。它將各國不同的文化融入廣告之中，增強了廣告的情感訴求。

第七節　知識點總結

本章討論文化體驗的相關知識。以下知識需要重點掌握：

知識點一：什麼是文化體驗

文化體驗涵蓋了娛樂體驗和情感體驗的核心內容。它藉由傳遞消費者認同的文化來激起他們內心的共鳴，帶給個體在情感、身份、思想等諸方面難忘的體驗經歷。但是它又超越了個人體驗的範疇，讓個體與更廣闊的社會文化背景聯繫起來。

知識點二：時尚文化體驗

時尚就是在特定時段內率先由少數人實驗而後來爲社會大眾所崇尚和仿效的生活方式。在這個極簡化的意義上，時尚就是短時間裏一些人所崇尚的生活。這種時尚涉及生活的各個方面，如衣著打扮、飲食、行爲、居住甚至情感表達與思考方式等。時尚文化體驗有以下特徵：名人是時尚的引領者；時尚是不斷變化的；時尚總是下向上學。

知識點三：身份文化體驗

人們的消費有時是與其身份地位相關的，或者說消費有時是身份的體現。

對消費者而言,高級商品代表著身份與榮耀、悠閒與自豪,代表著一種時尚!

知識點四:地域文化體驗

地域文化與生活方式有著極為密切的聯繫,地域文化規定了人們一定的生活方式,教育人們以什麼樣的方式生活。在不同的地域文化背景下,人們的生活方式會產生較大的差異,自然會形成不同的消費心理與購買行為。

知識點五:思想體驗

文化體驗包含的一個重要方面是特定的思想價值觀。體驗行銷還要考慮特定的思想觀念。如果價值理念針對的是特定的文化背景,體驗行銷人員就必須對這些思想文化的差異保持高度的敏感,因地制宜地調整市場行銷策略。

第 **16** 章
服務體驗策略

體驗行銷實質上是服務行銷的最高層次。商界有句經典語言："最簡單但最難模仿的就是服務"。服務會在無形中增添顧客對企業的好感，有助於建立顧客忠誠度，日本迪士尼的成功就是最好的說明。在歐洲迪士尼普遍不景氣的情況下，日本迪士尼卻仍遊客如雲，其主要原因就在於服務。服務是體驗行銷的伸展台，是體驗產品的載體，只有服務到位，讓顧客感到貼心、放心，才能讓顧客真正領會"體驗"的奧妙。

第一節　服務的三個階段

這是一個體驗經濟的時代，人們越來越重視產品為自己帶來的體驗感知，或者說，消費的過程就是一個體驗的過程。越來越少的人願意為失望的體驗買單。對於服務產品來說，客戶的體驗從一開始就伴隨著產品同步產生，而服務中的任何錯漏或瑕疵都會直接帶來負面的體驗，這種失望情緒所積蓄的能量，足以摧毀任何程度的客戶忠誠。只有在服務中以客戶需求為導向，不斷提升客戶感知和服務體驗的水準，才能在經營活動中持續創新。

服務體驗的發展經歷了三個階段：

第一階段　在這個時期，當產品的硬體或軟體出現問題，企業雖然會提供相
　　　　　對應的服務並不理想，服務承諾的兌現經常只是「回應」。

第二階段　在此階段已能主動提供服務，並且達到 "客戶滿意"。此階段的
　　　　　企業思考的是 "我能為顧客做什麼"，而不是思考 "顧客需要什麼" 缺
　　　　　乏為顧客量身訂製的個性化服務，服務無法適應市場變化，無法滿足消
　　　　　費者多元化的服務需求。

第三階段　這個階段，企業不斷藉由與顧客的溝通來讓顧客真正感到滿意。
　　　　　企業提供快速、專業、個性化的創新服務產品和服務形式，根據消費者
　　　　　需求和心理的變化不斷推陳出新，讓顧客獲得 "驚喜" 的服務。

　　在體驗經濟背景下，服務的內容和目的都發生了不小的變化。當獲得
美好的服務體驗之後，消費者不再僅僅是因為商品的功能而購買，而且也
是購買使用過程中的美好體驗。客戶接受服務不是因為提供服務的作用，
而是因為在享受服務過程中難以忘記的經歷。

　　體驗經濟時代，誰能夠迅速轉變觀念，真正做到服務至上，誰就能夠
在新的競爭中為自己添加更多獲勝的籌碼。企業在提供服務上要真正做到
妙手屢出、與眾不同，既要提高用戶的滿意程度，又要消除和減少消費者
的損失，最後努力為用戶創造意想不到的驚喜。

第二節　體驗式服務模式

　　人類正在以服務經濟為基礎，跨越到體驗經濟的時代。服務在企業發
展及市場競爭中的地位不斷升級，正在由以產品為導向轉向以顧客為導
向。未來的競爭將是服務的競爭，服務體驗決定著消費者對品牌的認可程
度。只有更好地滿足客戶的需求，才能在服務的競爭中取勝。體驗的基礎
也是服務，給予顧客一種刺激的體驗正是體驗服務商所要提供的。

　　服務是一種過程，顧客對服務的體驗影響著他們對服務品質的評價。在服務中加入體驗的成分，更加重視服務過程中的體驗，打造一種體驗式服務模式，已成爲一種趨勢。體驗貫穿於體驗式服務模式的全過程。

　　其實，已經有很多公司意識到了體驗服務的重要性，它們已經將體驗融入服務之中，從而增強了顧客的服務體驗。

微型案例　　**體驗式服務**

案例一：總部位於美國華盛頓的萬豪國際集團（Marriott）是全球首屈一指的酒店集團，萬豪的信譽來自於它近乎完美的服務。從 2003 年起，萬豪推出了一套名爲 "爲您效勞" 的電腦註冊系統，將客戶最細微的要求都記錄在資料庫中。比如客戶喜歡海綿枕頭或者忍受不了街道上的嘈雜，該系統都會記錄在案，當客戶下次入住萬豪旗下任何一家酒店時，店方就會替客戶准備一套無可挑剔的房間。一名萬豪的常客講述了他的經歷："我在西雅圖一家萬豪酒店裏吃早餐時，吩咐侍者把蛋煮得嫩一些。此後，無論在紐約還是華盛頓的萬豪酒店，每當我點水煮蛋時，侍者都會問：'是不是要煮得嫩一些？'"。

案例二：玉山銀行成立於 1991 年，制定了很多真心貼切的服務制度。銀行選擇年輕職員站在門口，戴著白手套，歡迎顧客光臨，提供諮詢服務。

　　玉山銀行採取走動服務策略，引導客戶解決問題，增加所有的客戶對銀行服務的印象。獨特的櫃檯設計，按照男女的平均身高設計雙層櫃檯，這樣不同身高的客戶在填寫單據的時候會比較舒服，也方便了攜帶小孩的顧客。這樣的設計讓整個前臺設計看起來很直觀，視覺上非常舒適，而且使用方便。玉山銀行成立了顧客服務部，增加了風險管理和安全管理，這些都是服務技巧。玉山銀行也推出不同風格的存摺供顧客選擇，這種個性化的設計反映的就是精緻化的服務。

這些企業不僅非常重視服務，而且考慮到了服務過程中顧客的體驗感受，在實施服務的過程中加入了體驗因素，使其服務更加人性化，也更加吸引顧客了。

第三節　服務：抓住顧客的心

不知從何時起，"客戶永遠是對的" 這句話逐漸被 "客戶體驗至上" 這一個口號所替代。在面臨著新的經營環境和競爭模式的形勢下，越來越多的企業認識到：要想成功就必須與客戶建立一種感情上的聯繫，這樣才能創造一種讓客戶無法拒絕的感情體驗。對服務企業來說尤其如此，只有優質的服務、優質的服務體驗，才能打動顧客的心，才能留住顧客。

體驗的基礎是服務，而服務的核心是顧客，具體來說就是顧客的心。只有抓住了顧客的心，才能讓顧客有感動、興奮、快樂等難忘的體驗。心動就會行動，企業抓住了顧客的心才能獲得服務的價值。那麼，如何才能抓住顧客的心呢？泰國東方飯店的經典案例或許能告訴我們。

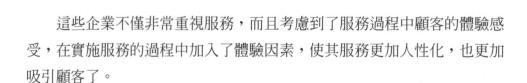

微型案例　就這樣抓住顧客的心

　　Mr. Lee 在第一次入住泰國東方飯店時就對該飯店留下了良好的印象。當他第二次入住時，在住宿過程中發生的幾個細節更使他終生難忘：在他走出房門準備去餐廳的時候，服務生恭敬地問道："Mr. Lee 是要用早餐嗎？" 客人很奇怪："你怎麼知道我的名字？" 服務生微笑著說："我們飯店規定，晚上要背熟所有客人的姓名。" 這令客人大吃一驚。他高興地來到餐廳，餐廳的服務生見面就微笑著說："Mr. Lee，裏面請。"客人很疑惑，因為服務生並沒有看到他的房卡。服務生笑答："樓上已通知您下樓來用餐。" Mr. Lee 剛走進餐廳，服務小姐微笑著問："Mr. Lee，還是坐在老位置嗎？" 客人的驚訝再次升級。服務小姐主動解釋說："我剛查過電腦記錄，您在去年的 6 月 8 日在靠近第二個視窗的位子上用過早餐。" Mr. Lee 聽了很興奮："老位子！老位子！" 服務小姐接著問："老菜單？一個三明治、一杯咖啡、一個雞蛋？" Mr. Lee 十分滿足："老菜單！就要老菜單！"。三年後，在 Mr. Lee 生日的時候，他突然收到了一封東方飯店發來的賀卡："親愛的 Mr. Lee，您已經有三年沒有來我們這兒了，我們全體人員都非常想念您，希望能再次見到您。今天是您的生日，祝您生日快樂！"。Mr. Lee 感到窩心，並將這個經驗分享予親友，並告訴親友要去泰國時，一定要選擇令他終生難忘的東方飯店！

　　東方飯店就是用這種方法抓住了客戶的心！東方飯店非常重視培養忠實的客戶，並且建立了一套完善的客戶關係管理體系，使客戶入住後可以得到無微不至的人性化服務。迄今為止，世界各國約 20 萬人曾經入住過那裏，用他們的話說，只要每年有十分之一的老顧客光顧飯店就會永遠客滿。這就是東方飯店成功的秘訣。

　　客戶的服務體驗在本質上與客戶如何權衡關係、交易以及客戶對公司的感知有密切的關系，客戶體驗可以反映公司的一切。公司給予客戶的體驗，無論好壞，都會在客戶心中留下最深刻的印象。而且往往負面的體驗產生的影響更大，有過正面體驗的客戶可能要向 3~4 個周圍的人推薦，而有過負面體驗的客戶可能要向 12 個以上的人訴說；倘若是藉由網際網路擴散，其影響將更為巨大。

　　在客戶服務體驗過程中，起著關鍵作用的是服務人員。他們的服務態度和服務品質將決定顧客對服務的滿意度。對此，企業應從兩方面著手：一是不斷更新和完善客服知識庫系統，讓服務人員及時掌握；二是定期對服務人員的服務技巧和態度進行提升培訓和考核。只有這樣，才能減少客戶不滿意的幾率，讓客戶體驗到更心動的服務。

優質的服務猶如一盤色、香、味俱全的好菜，吃過後讓人回味無窮，流連忘返。作為服務企業，一定要奉獻更多的 "好菜"，讓客戶不斷想來體驗和品嘗。

第四節　熱情和微笑

很多企業都在說 "服務是我們的靈魂"。怎樣才能提供讓顧客滿意的服務呢？我們認為，應該把熱情和微笑作為服務的支點。在服務行業，服務人員和銷售人員充滿熱情、微笑面對顧客是一種基本要求，讓自己充滿熱情是為顧客提供體驗服務的必要條件。

向顧客熱情地說一句 "您好，歡迎光臨"，送上自然、親切的微笑，你會覺得顧客立刻顯得和你很親、很近。一面之交而讓你與顧客超出了簡單的買賣關係，使你們成為朋友，這就是熱情的力量。

服務，不是一個機械的模式化的概念，它需要在服務過程中投入熱情，以微笑面對顧客，才能與顧客建立起一種溫馨、親切、互敬、友愛的關係，保持雙方心與心之間順暢的交流和溝通，從而贏得顧客，提升效益。

一、熱情服務

對一位顧客提供熱情周到的服務，也許人人都能做到，但要在工作中的無時無刻都不厭其煩地、充滿熱情地對待每一位顧客，卻並非易事。要始終保持熱情，服務人員就要有這樣一種心態：熱愛服務事業，從內心感到服務最光榮，從服務他人中獲得快樂和成就感。

善於從顧客的一言一行中洞察秋毫，迅速判斷顧客的需求、喜好，快速準確地滿足顧客的需求，是提高服務品質的關鍵。快速反應、迅速行動，重視承諾；不放任何問題過夜、不放過任何一次改進機會，這種作風就是有熱情的展現，也是做好服務的基礎。

微型案例　　**熱情服務**

　　一位在商務飛機上玩拼字遊戲的婦女在飛機著陸的時候丟了一塊拼圖。當她下飛機的時候，向乘務員提到了這件事情，並給了他們一張名片，希望這塊拼圖能夠被找到然後送還給她，而她實際上對此並不抱什麼期望。但幾天後，她接到了一個信封，裏面是丟失的那塊拼圖，還有來自空中乘務員的一張問候短箋。這種簡簡單單的做法將這名婦女變成了該航空公司的一名堅定的擁護者。

二、微笑服務

　　當世界著名的旅店經營之王希爾頓在德州的第一家旅館經營中稍有成效時，他母親對其取得的成績卻不屑一顧。她指出，要使經營真正得到發展，只有掌握一種秘訣才行，這種秘訣簡單、易行，不花本錢卻又行之長久。希爾頓冥思苦想，終得其解。這秘訣不是別的，就是微笑。他發現只有微笑才同時具備以上四個條件，且能發揮強大的功效。以後，“微笑服務”就成了希爾頓旅館經營的一大特色。50 多年來，希爾頓向服務人員問得最多的一句話就是：“你今天對客人微笑了沒有？”

　　一個親切的微笑，一句誠懇的“歡迎”、“謝謝”，能讓客人有賓至如歸的感覺。當客人走進店門時，服務員面帶微笑，加上一聲親切的問候，可使客人感到親切、心情舒暢，而願意留下來並樂於消費。試想一下，如果你走進一家餐廳，沒有人跟你打招呼，服務員只顧忙著手上的工作，全都將你視而不見，你的感覺又會怎樣呢？也許你會一氣之下另找一家。

微笑著問候可以加深客人的第一印象。而這第一印象經常影響著一個人對一件事的最後判斷。因爲這第一印象往往決定了當事人是用善意的眼光還是用挑剔的眼光來觀察其後所發生的事情。

第五節　案例分析：“今天你對客人微笑了沒有？”

談到微笑服務促進服務事業的發展，沒有比美國的希爾頓飯店更爲成功的了。著名的希爾頓飯店創始人康拉德希爾頓曾經説過：“如果我們的飯店只是有一流的設備，而沒有一流微笑服務的話，那就像一家永不見陽光的飯店，又有什麼情趣可言呢？”微笑是無形資產、微笑是點睛之筆、微笑是最真最純的體貼。

當年輕氣盛的希爾頓已經擁有 5,100 萬美元的時候，他得意洋洋地向他的母親報捷。老太太對兒子的現有成績不以為然，但卻語重心長地提出了一條建議：“事實上你必須把握住比 5,100 萬美元更值錢的東西。除了對顧客誠實以外，還要想辦法使每一個住進希爾頓飯店的人住過了還想再來。你要想出一種簡單、容易、不花本錢而行之久遠的辦法去吸引顧客，這樣你的飯店才有前途。”希爾頓冥思苦想了很久，才終於悟出了母親所指的那種辦法是什麼，那就是微笑服務。從此以後，“希爾頓飯店服務員臉上的微笑永遠是屬於旅客的陽光”。在這條高於一切的經營方針指引下，希爾頓飯店在不到 90 年的時間裏，從一家飯店擴展到目前的 210 多家，遍佈世界五大洲的各大城市，年利潤高達數億美元，資金則由起家時的 5,000 美元發展到了幾百億美元。老希爾頓生前最快樂的事情就是乘飛機到世界各國的希爾頓連鎖飯店視察工作。但是所有的雇員都知道，他問你的第一句話總是那句名言：“你今天對客人微笑了沒有？”

第六節　知識點總結

　　本章主要討論了服務體驗的相關知識。建議你需要重點掌握以下知識點：

知識點一：體驗式服務模式

　　服務是一種過程，顧客對服務的體驗影響著他們對服務品質的評價。在服務中加入體驗的成分，更加重視服務過程中的體驗，打造一種體驗式服務模式，已成為一種趨勢。體驗貫穿於體驗式服務模式的全過程。

知識點二：服務：抓住顧客的心

　　體驗的基礎是服務，而服務的核心是顧客，具體來說就是顧客的心。只有抓住了顧客的心，才能讓顧客有感動、興奮、快樂等難忘的體驗。心動就會行動，企業抓住了顧客的心才能獲得服務的價值。

知識點三：熱情和微笑

　　在服務行業，服務人員和銷售人員充滿熱情、微笑面對顧客是一種基本要求，讓自己充滿熱情是為顧客提供體驗服務的必要條件。

第 **17** 章

品牌體驗策略

今天，品牌已不僅僅是一個區別於競爭者的識別物，而且已經成為一種無形的資產。消費者不僅僅是購買產品本身，他們還購買品牌。品牌中同樣包含了體驗的成分，企業應該設法將體驗嵌入品牌之中。

第一節　品牌就是體驗

品牌已經成為一種體驗，而不再只是物品。品牌體驗是消費者未曾滿足的最大需求。因此，企業面臨的更進一步的挑戰是藉由創造品牌體驗來為生活增加價值與意義。

> **微型案例**　　**品牌就是體驗**
>
> 幾十年前，也許沒有人會相信台灣的消費者會願意花費 120 元台幣來買一杯咖啡。但僅僅過了幾年，如同在其他國家一樣，星巴克再次證明這不僅是可能的，而且這個範圍還在不斷擴大。
>
> 浪漫的咖啡體驗、溫暖的感覺，這就是風靡全球的星巴克式的品牌體驗。

品牌在表面上是產品或服務的標誌，代表著一定的功能和品質，在較深層次上則是對人們心理和精神層面訴求的表達。在體驗行銷者看來，品牌就是 "顧客對一種產品或服務的總體體驗"。

創造一種強調體驗的品牌形象，顧客們就會有意願購買、使用、擁有這種商品。

微型案例   出售體驗

　　Nordstrom 為美國一家百貨連鎖店，員工們經常為顧客創造出令人稱奇的體驗。他們會在停車場為顧客預熱引擎：顧客只要光臨該店一次，售貨員就能記住顧客的名字，並在顧客過生日時出其不意地寄去鮮花和售貨員手寫的生日賀信；他們還會為顧客退換該店根本從未出售的貨物。正由於此，Nordstrom 在顧客當中有口皆碑，人們打算購物時，首先想到的就是去 Nordstrom。有人認為，Nordstrom 出售的不是貨物，而是一種與顧客為善的體驗，售貨只不過是一種陪襯而已。

如何讓品牌富有體驗色彩呢？一個品牌通常具有五個核心品牌驅動因素：

(1) **產品**。產品是品牌的關鍵組成部分，包括創新、設計、特性、品質和可信度。產品不僅要有功能品質，還要具備能滿足使用者視覺、觸覺、審美等方面需求的感知品質。現如今的消費者對產品品質的期望值越來越高，有時，產品外觀或細節上的一個小小缺陷，便會影響消費者購買和使用過程中的品質感知，從而會對產品品牌的形象造成極為不利的影響。

(2) **服務**。當顧客在購買一件商品時，他們同時也購買了與之相關的服務。由於服務生產和消費的不可分割性，服務是企業用以傳遞體驗的天然平臺。在服務過程中，企業除了完成基本的服務外，完全可以有意識地向顧客傳遞他們所看重的體驗。服務的好壞也影響著消費者對品牌的體驗。

(3) **廣告**。廣告是最直接的塑造品牌的方法，廣告可以大範圍地傳播消費者所喜好的體驗，從而吸引目標消費者，達到品牌傳播的目的。

(4) **顧客關係管理**。這已經成為品牌價值驅動的一個重要因素。良好的客戶關係給予客戶的是美好的體驗，有利於品牌的傳播。

(5) **顧客對該品牌的全面體驗**。全面體驗體現於顧客與該產品的每一個接觸介面，其中包括產品的功能和可靠度。但全面體驗絕非僅局限於此，它還包括零售店的設計、布置與氛圍等。

當然，實現品牌體驗的途徑不止這些，下面我們介紹另外幾種將顧客體驗嵌入產品品牌體驗之中的方法：賦予品牌體驗之 "名"、人性化的品牌定位、品牌的視覺衝擊和亮出品牌的興奮點。

第二節　賦予品牌體驗之 "名"

產品品牌的名稱要帶有體驗性，因為它能給顧客親密和信賴的感受，偉大的品牌總是在名稱上能夠與顧客建立起情感上連結。品牌名稱雖然只是一個字或詞，但人們每次看到、聽到、談到該品牌時就會產生一種連結與感覺，因此品牌名稱是值得記憶的美好體驗產生的感官、情感和認知的豐富源泉。從體驗行銷的角度來看，品牌首先是體驗的提供者。成功企業的品牌必定帶給消費者以清楚的、深刻的體驗，讓消費者過目不忘，銘刻在心，否則只能被淹沒在品牌的海洋裏，成為過眼雲煙。

因此，企業行銷者在對待品牌名稱時要考慮消費者的感受，而不是行銷者的喜好。要知道，消費者之所以購買某一品牌的產品，是因為他們能夠把這一品牌與自己的生活聯繫在一起。具體在設計品牌名稱時，要注意以下幾點：

(1) **展現特徵**。名稱要從不同角度展現品牌商品的特徵，消費者根據品牌商品名稱顯露出的特徵資訊，就有可能產生購買欲望。例如 "蟑愛呷" 凸顯了除蟑螂藥物的功效；"肌樂" 是舒緩運動後肌肉酸疼的軟膏或噴劑，此一品牌名稱充分表現出產品帶給使用者的感受。

(2) **簡潔明瞭**。單純、簡潔、明快的品牌名易於形成具有衝擊力的印象，名字越短，就越有可能引起公眾的遐想，構成更寬廣的概念外延。從日本《經濟新聞》對企業名稱字數的一則調查可以看出，企業名稱字數為 4 個字、5～6 個字、7 個字、8 個字以上的企業名稱，其平均認知度分別為 11.3%、5.96%、4.86%、2.88%，可見，名稱越簡潔，其認知度就越高。

(3) **構思獨特**。品牌名稱應該有獨特的個性，避免與其他企業或產品混淆。世界著名十大香水品牌之一的 Poison，由法國 Dior 公司推出。其中文原意為 "毒藥"，引人注目。然而，正是這種奇特的構思，吸了眾多的消費者注意，使 Poison 香水風靡世界。

(4) **響亮上口**。品牌的名稱要琅琅上口，難於發音或音韻不好的字，難寫或難認的字，字形不美、涵義不清和譯音不佳的字，均不宜採用。但是時候也有例外，例如有一款男性壯陽藥品 Holi-up 虎力雅補，就是取台語的諧音，意義上雖然有些許不文雅，但是符合了品牌設計的展現特徵、構思獨特原則，並且對於特定語言文化具有意義與諧趣，也很快就被消費者所知曉與記憶。

(5) **文化認同**。由於客觀上存在著不同地域、不同民族的風俗習慣及審美心理等文化差異，品牌名稱要考慮不同地域、不同民族的文化傳統、民眾習慣、風土人情、宗教信仰等因素。例如，華人忌諱 "四" 這個數字以及菊花，法國人忌諱孔雀和核桃，英國人忌諱山羊和橄欖綠色，東南亞諸國忌諱白鶴，加拿大忌諱百合花等。商品名稱犯忌的事例不在少數，例如上海某藥廠生產了一種針對蚊蟲叮咬的膏藥，取名為 "必舒膏"，"名" 下之意，用了這種藥膏，必定舒適，但是，該產品銷到香港卻大為滯銷，原因是香港市民重視風水、吉祥語，也喜好打麻將，"必舒" 諧音是 "必輸"，極不吉利。

以上幾點都是從消費者體驗角度考慮，讓消費者在看到品牌名稱時，就產生相應的聯想，從中體驗到購買後的種種情景。

第三節　品牌人性化

人性化行銷是新時代的行銷理念，而所謂的品牌人性化就是依照人性來進行品牌理念設計，藉由充分滿足人性的需求來達到企業經營的目的。譬如，海爾集團提出了 "您來設計我來實現" 的新口號，由消費者提出對海爾產品的需求，然後由海爾集團來實現。它展現的正是一種人性化的品牌經營方式。

(1) 品牌人性化的關鍵在於找出顧客的利益訴求點和情感訴求點。利益訴求點就是從品牌的功效來演繹概念；情感訴求點則是從消費者的情感聯繫中來演繹概念。在這方面 P&G 無疑做得非常出色。首先，P&G 的廣告訴求很注重利益，例如 Crest 牙膏在中國大陸市場與衛生單位合作推廣 "根部防蛀" 的防牙護牙理念；Safeguard 潔膚產品與中華醫學會合作推廣 "健康、殺菌、護膚" 的理念。在情感訴求方面，最近兩年，Pert（飛柔）洗髮精以自信的概念為出發，從 "飛柔吵架篇"、"飛柔老師篇" 到 "飛柔指揮家篇"，飛柔的廣告無不以自信作為品牌訴求點。此外，飛柔還相繼推出 "飛柔自信學院"、"多重挑戰"、"同樣自信"、"職場新人"、"説出你的自信" 等系列活動，將 "自信" 概念演繹得淋漓盡致。藉由利益訴求與情感訴求的有機結合，大大增強了品牌人性化特徵。

(2) **品牌人性化要注重品牌內涵。**每個品牌都有其內涵，不同的是有的很有個性，有的則略顯平庸而不被人注意。但是品牌內涵的形成最終是要由公眾來決定的。海爾在國際上的知名度日益提高，它認為企業在用戶心目中的形象可以分為三種：知名度、信譽度、美譽度。知名度用錢在短時間內即可獲得的，但是不能持久；信譽度是只要符合國家相關規定的要求去做即可獲得；美譽度最難，必須超出用戶的期望。但海爾認為最重要的是品牌的內涵，這就是海爾的每一個員工、每一個與外界互動的人員、每一台產品，都讓用戶感到是實實在在的。海爾的廣告詞 **"真誠到永遠"**，即是它們想要表達的內涵。

品牌人性化的極致是使消費者對品牌產生情感乃至自豪感，這時品牌已成了消費者的朋友和情感的依託。塑造人性化的品牌是保持品牌具有強大的顧客忠誠度、具有強大的生命力，是企業得以青春永駐、百年不老的有效策略。

第四節　品牌的視覺衝擊

品牌的視覺衝擊也影響著人們的體驗效果，較強的視覺衝擊往往更能吸引受眾的注意力。品牌的視覺衝擊包括品牌標誌和品牌色彩。

1. 品牌標誌

品牌標誌是指品牌中可以被識別但不能用語言表達的部分，也可以說它是品牌圖形的記號。品牌的標誌圖案可以是動物圖案、植物圖案、抽象圖案、文字造型圖案或是其他圖案。品牌的標誌圖案有其深刻涵義，設計時應融入產品理念、企業理念及服務理念。例如康師傅速食麵包裝上的頭戴白帽的胖廚師圖案、肯德基的肯德基上校圖案、賓士汽車的三叉星環圖案、麥當勞的黃色 M 圖案，以及可口可樂的紅色圓柱曲線圖案等。

(1) 品牌標誌是構成品牌識別系統的重要組成部分，是一種 "視覺語言"，它藉由一定的圖案、顏色來向消費者傳送某種資訊，把產品特徵、品質以及品牌價值理念等各種要素以融合化的符號或圖形傳遞給公眾和消費者，以達到傳播品牌、認知品牌、促進銷售、提高效益的目的。品牌標誌自身能夠創造品牌認知、品牌聯想和消費者的品牌偏好，進而影響品牌的品質、形象與消費者的偏好度、忠誠度。

(2) 品牌標誌是公眾識別品牌的信號燈。風格獨特的品牌標誌是幫助消費者記憶的利器，使他們在視覺上形成一種感觀效果。例如，當消費者看到三叉星環時，立刻就會想到賓士汽車；他們會到有黃色大 M 的地方去就餐。

(3) 品牌標誌的設計要易於記憶。一個易記的品牌標誌，應該容易讓消費者理解其涵義，能用一句話或一個詞來概括。例如 Audi 汽車、Playboy（花花公子）、Peugeot 汽車，這些圖案儘管不同的人可能存在不同的描述，但它

照片來源：Audi 汽車官網

們均可用一個詞或一句話來表達，好比 Audi 汽車的標誌可以用 "四個圓圈" 來描述，花花公子可以是 "一隻帶著領結的兔子"，Peugeot 汽車的標誌是 "一隻站立起來的獅子"。如此容易被描述的圖樣，自然容易在消費者口中被傳遞。

2. 品牌色彩

色彩可以使產品表現出多種不同的變化，也是改變產品面貌的最為直接和成本最低的方法，使人不斷產生新的感覺，從而呈現出空前的、受歡迎的好產品。藉由協調性、系統性、統一性的色彩體系，能快速地帶來品牌效益，並藉由色彩流行趨勢與多元化色彩匹配成的企業產品，鎖定消費者的視線，使消費群對於統一、全面的色彩識別系統產生完全的信賴感和認同感。例如法拉利紅、麥當勞黃、IBM 藍這些知名品牌的代表色彩，已經成為色彩語言中的通用名詞，與它們的品牌一樣深入到了消費者的記憶裏。

微型案例　色彩挽救蘋果電腦公司

　　在全球眾多的成功品牌中，色彩創造品牌、色彩成就品牌的案例俯拾皆是，最為人所津津樂道的是美國蘋果電腦。美國蘋果公司曾經一度陷入嚴重虧損狀態。公司創始人再一次從工業設計入手，從消費者的心理、生理、精神等角度出發，力挽狂瀾。1999 年，蘋果公司推出了英國籍設計師 Jonathan Lve 設計的名為 "iMac" 的新款電腦，在色彩上突破了以往的舊觀念，為電腦穿上五種顏色的外殼，加上半透明材料做成外殼的半透明滑鼠，產生了新穎感，雖在售價上比其他電腦高出數百美元，卻大受消費者的青睞。在美國，幾乎每隔 15 秒鐘就有一台 iMac 被售出，蘋果公司由此也獲得了巨大的利益。

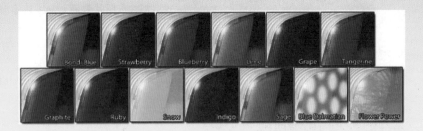

　　不可否認，色彩鮮豔的 iMac 電腦挽救了已處於頹勢的蘋果公司。

第五節　亮出品牌的興奮點

　　無論你的產品是什麼類型的，要想使自己的產品得到消費者青睞，不給消費者充足的購買理由是不行的。因此，在產品推廣時，你就必須把產品的興奮點發掘出來，然後運用有效的行銷傳播手段把興奮點傳達給顧客，使他們對你的產品情有獨鐘。

照片來源：古道官網

　　興奮點是什麼？就是你的產品能夠帶給消費者的好處。比如說，包裝茶飲市場競爭激烈，為什麼古道油切綠茶一上市就能夠脫穎而出？理由很簡單—古道油切綠茶能在滿足飲品需求的同時，還為消費者提供了一個 "期望瘦身" 的理由。

　　市場上很多功能特性都不錯的產品銷售狀況非常不好，有的產品甚至最後只能黯然退出市場。造成這種情況的原因是什麼？因為這些產品沒有找到自己對於消費者的獨特興奮點。米其林輪胎的定位就經歷過這樣一個過程。

微型案例　找出品牌的興奮點

　　米其林輪胎最初的宣傳是 "在各種天氣和路況下，都能出色地完成任務，牢牢扣住路面，讓你安全地行駛"。後來，米其林的決策層藉由對目標消費群體的研究之後發現，僅僅訴求輪胎的產品核心功能點和其他一些被羅列出來的無關緊要的利益點，是很難令消費者真正信服，從而對品牌心動的。於是米其林開始了縝密的消費者研究和分析。在經過分析研究之後發現，除了貨車和其他長途運輸客車以外，大部分購買帶有米其林輪胎的汽車的消費者，平時除了上下班之外，就是帶著家人一起逛街和旅行，他們並不是經常翻山越嶺行進在崎嶇不平甚至是路況很危險的路段。在各種複雜和難行的路況上能夠出色地完成任務或者是化險為夷這些優點，對於大部分顧客來說可能並不重要。在此前提下，米其林行銷團隊開始了對產品的二次訴求定位。一個清晰的和令人信服的理由出現了，在其後的廣告片中我們看到：一個非常可愛的嬰兒坐在米其林的輪胎裏面。廣告詞這樣說：選擇米其林，因為你的車輪正承載著許多許多！米其林是你能買得到的最安全的輪胎，它能保護你深愛的人的生命！這樣具有強烈理由和情感衝擊力的訴求資訊令米其林當年的銷售量大增。

　　尋找品牌的興奮點，可以藉由兩種方法實現：第一，從目標消費者的不滿中發現興奮點，也就是為什麼產品不能滿足消費者，找到原因，對症下藥。第二，是從競爭對手的利益組合中尋找興奮點切入口，即找到競爭對手沒有滿足的市場空隙，而這又正是消費者所迫切需要的。它就是你的機會。這兩種方法都要求企業必須進行深入的市場調查和研究。

第六節　知識點總結

　　本章討論品牌體驗的相關知識。下面幾個知識點是需要著重的：

知識點一：品牌就是體驗

在體驗行銷者看來，品牌就是"顧客對一種產品或服務的整體體驗"。創造一種強調體驗的品牌形象，顧客們就會有意願購買、使用、擁有這種商品。

知識點二：賦予品牌體驗之 "名"

產品品牌的名稱要帶有體驗性，因為它能給顧客親密和信賴的感受，偉大的品牌總是在名稱上能夠與顧客建立起情感上的連結。設計品牌名稱時，要注意以下幾點：體現特徵、簡潔明瞭、構思獨特、響亮上口、文化認同。

知識點三：品牌人性化

品牌人性化就是依照人性來進行品牌理念設計，藉由充分滿足人性的需求來達到企業經營的目的。品牌人性化要做到以下幾點：找出顧客的利益訴求點和情感訴求點、要注重品牌內涵、要有明確的訴求點定位。

知識點四：品牌的視覺衝擊

品牌的視覺衝擊也影響著人們的體驗效果，較強的視覺衝擊往往更能吸引受眾的注意力。品牌的視覺衝擊包括品牌標誌和品牌色彩。

知識點五：亮出品牌的興奮點

在產品推廣時，你就必須把產品的興奮點發掘出來，然後運用有效的行銷傳播手段把興奮點傳達給顧客，使他們對你的產品情有獨鐘。尋找品牌興奮點的方法有兩種：第一是從目標消費者的不滿中發現興奮點，即為什麼產品不能滿足消費者，找到原因，對症下藥。第二是從競爭對手的利益組合中尋找興奮點切入口。

第18章
店鋪體驗策略

店鋪是產品銷售的一種途徑與場所，型態有專賣店、百貨公司、量飯店、雜貨店等等。如何讓這個場所更加吸引消費者？如何讓消費者停下腳步？如何讓消費者在這裏購買更多的東西？一個適合並吸引消費者購物的環境該如何創造？即是本章的主題。

第一節　店面形象體驗

店面形象是店鋪給顧客的整體感覺，它影響著顧客對店鋪的整體體驗。好的店面形象能夠吸引顧客停下腳步，吸引他們進店購買。

店面形象系統主要包括以下幾方面：名稱、商標、招牌、店內 POP、產品陳列、店鋪氛圍和人員熱情等。本節主要介紹名稱、商標、招牌、店內 POP，其餘項目在接下來幾節會有詳細的介紹。

(1) 名稱。如同品牌命名，店名也要能凸顯特色，能使顧客知道你所經營的商品是什麼。或是能夠成為品牌聯想，以實現所欲建立的品牌形象。

知識要點：好店名應具備的特徵

一是容易發音，容易記憶；

二是能凸顯商店的營業性質；

三是能給人留下深刻印象。

(2) 商標。有了好的店名，還需要設計相應的商標。店名是一種文字表現，商標是一種圖案說明，後者更容易給人留下深刻的印象。

(3) 招牌。招牌的目的在於建立知曉、傳遞品牌形象招牌、指引消費者等等。所以，醒目的招牌方能實現以上目的。所謂醒目，取決於周圍環境與附近其他店家招牌的「對比」，也就是說，招牌的設置在不違背各地區法令規範，也不影響他人狀況下，可以透過顏色、形狀、閃爍、大小、風格等要素的對比來吸引目光。

(4) 店內 POP。店內 POP 的展示可以豐富與活化店內氣氛，也能夠藉由佈置來傳遞商店形象，除此之外，POP 也可以傳遞促銷資訊。

微型案例　新奇的店面形象

　　著名的 Treasure Island 酒店在店面前設計有一個海島，島前的海上（實際上是兩個大水池）有兩艘實樣大小的海船，一艘是商船，一艘是海盜船。每天晚八點都要上演一場海戰。Mirage 酒店的店面前設計有一座火山，火山口旁有一道瀑布。每晚八

Mirage 酒店

點半就會火山爆發、瀑布噴湧，十分壯觀。Sahara 酒店的店面前有座五光十色、金碧輝煌的阿拉伯式圓頂建築。儘管它只作為車道之用，也足足花了 6 000 萬美金。還有 Caesars Palace、Hilton 等大飯店，沒有一家的店面不是光彩照人的。

為了更加吸引顧客，還可以結合產品和公司的特徵將店面形象做得新奇、有特色，給顧客不一樣的體驗。

第二節　櫥窗魅力體驗

商店櫥窗不僅是門面總體裝飾的組成部分，而且還是商店與消費者接觸的第一個曝光點。巧用佈景、道具，以背景畫面裝飾為襯托，配以合適的燈光、色彩和文字說明，可以是商品介紹和形象傳遞的綜合性目的。

一、櫥窗設計三原則

店面櫥窗設計有三個原則：

一　是以別出心裁的設計吸引顧客，切忌平面化，努力追求動感、立體和文化；

二　是可藉由一些生活化場景使顧客感到親切自然，進而產生共鳴；

三　是努力給顧客留下深刻的印象，藉由店面櫥窗的巧妙展示，使顧客過目不忘，印入腦海。

二、櫥窗設計的幾點注意事項

櫥窗的展示要能傳達店鋪的主張，而且這些主張要經常更新，給顧客以不同的感受。在設計櫥窗展示時要注意以下幾點：

(1) **櫥窗的形狀**：不僅使路人容易看到櫥窗內部，而且能藉由它引起顧客的興趣。

(2) **櫥窗的方向**：以面向行人多的方向為佳。

(3) **櫥窗腰的高度**：一般從離地面 80～130 公分到成人眼睛能看見的高度為佳。

好的櫥窗設計能給消費者美的享受，巴黎街頭的櫥窗設計可謂精彩紛呈，Avenue Montaigne（蒙田大道）被喻為全世界十大名街之一，它以香榭麗舍大道（Champs Elysees）為中心，各大品牌或是高貴奢華、或是前衛大膽、或是充滿溫馨童趣的櫥窗佈置映射出一條輝煌大道，充分展現了城市的魅力，甚至成為了一個深受歡迎的旅遊景點。

第三節　產品陳列體驗

產品陳列不是簡單的產品擺放，陳列是企業產品在終端的廣告，銷售的好壞，有 40% 的因素在於陳列的好壞。陳列的規則是擺放有序、主次分明、主題突出、區分功能、突出重點，視覺形象好可以有效突出品牌，可以產生較大的銷售額。

一、店鋪陳列的原則

使顧客容易看得見、容易理解是商品陳列的基本原則。為了達到這個目的，要從以下三方面著手：

(1) 加以分類展示。分類的基準，可以依商品種類、價格、顧客年齡層次、顧客性別、用途、色調、尺寸、設計等而定。關聯的商品應集中於同一地方展示。

(2) 要使商品能一目了然地放置於分隔的展示空間。商品區域分不清楚，會使顧客產生容易混淆的印象。

(3) 要盡可能地方便顧客自己尋找所需商品。

二、陳列的方法及要點

產品陳列的方法很多，不同的店鋪會採取不同的陳列方法，有的會同時採用幾種陳列方法。

(1) 陳列櫃。陳列櫃可以用於暗示商品的特殊、高級感與質感。對於陳列櫃，不要僅是陳列物品，還要想到感官效果。

(2) 陳列架。陳列架用於展示豐富多樣的商品。對於陳列架，要注意將商品分類排列，最好能體現出商品間細微的差別。促銷商品也適合以陳列架進行大量展示。

(3) 陳列台。陳列台一般用於陳列較特別的商品或小件商品，此外，它還適宜陳列特賣商品以及季節性贈品或者難賣的東西。

三、產品陳列的技巧

　　產品陳列要從顧客的角度出發，以便於顧客接觸和看到為基本前提。以下是一些小技巧，不過它們對於產品銷售也有重要的影響。

(1) "主題區" 陳列。根據主題商品進行分區陳列稱為 "主題區" 陳列。例如服飾店，可根據產品的種類分為不同的區：長褲區、短褲區、襯衫區……然後，每一 "主題區" 再根據色彩佈置法則進行陳列。

(2) 陳列高度。商品陳列架的高度一般以 90～180 公分最為普遍，而相當於顧客胸部至眼睛的高度是最佳陳列處，有人稱此為 "黃金空間"。

(3) 商品要素陳列。按照商品本身的形狀、色彩及價格等的不同，適合消費者選購參觀的陳列方式也各有不同。一般而言，可分為：

　①體積小者在前，體積大者在後。
　②價格便宜者在前，價格昂貴者在後。
　③色彩較暗者在前，色彩明亮者在後。
　④季節商品、流行品在前，一般商品在後。

(4) 商品標籤。商品標籤向正面，可使顧客一目了然，方便拿取，也是一種最基本的陳列方式。

(5) 明亮度。店內的基本照明須保持一定的明亮度，方能凸顯商品本身特色。

良好的產品陳列不僅可以其方便性刺激顧客購買，而且可以借此提高企業產品的品牌形象。

第四節　店鋪氛圍體驗

氛圍指的是圍繞某一群體、場所或環境而產生的效果或感覺。好的氛圍會像磁鐵一樣牢牢吸引著顧客，使得顧客頻頻光顧。用氛圍渲染行銷就是要有意營造這種使人流連忘返、印象深刻的氛圍體驗，顧客即使只來一次也會有牢記在心的印象，當下次再想享受此類服務時，該場所就會是首選。

店鋪銷售要努力營造一種令顧客愉悅的體驗環境，讓顧客的體驗更為熱烈，對感官的刺激更為強烈。好的氛圍不僅能夠吸引顧客，而且能夠延長顧客逗留的時間，增加銷售額。很多成功的企業都非常重視對氛圍的營造，比如星巴克、麥當勞等等。

第五節　人員熱情體驗

人是一切活動的主要因素，終端銷售工作最終是靠銷售員來完成的，因此，店鋪銷售還要注意對銷售人員的培養。研究顯示，高明的銷售人員和差的銷售人員之間的營業額有可能相差八倍以上。要創造好的業績，銷售人員必須要充滿熱情，用熱情面對顧客。

熱情是影響客戶的最好方式，成功的人都是充滿熱情的人。熱情能夠傳染，當銷售人員滿懷熱情地面對顧客時，顧客也會被這種熱情感染，從而對銷售人員、對產品產生好的感覺。

如何培養銷售人員熱情？如何保持熱情呢？

(1) 對工作充滿激情。比爾蓋茲有句名言："每天早晨醒來，一想到所從事的工作和所開發的技術將會給人類生活帶來的巨大影響和變化，我就會無比興奮和激動。"比爾蓋茲的這句話闡釋了他對工作的激情。當你對工作充滿激情時，你就會以積極向上的精神狀態投入到每天的工作之中。對工作充滿激情，就會對顧客充滿熱情，也會非常用心地向顧客介紹合適的產品，帶動顧客的激情。

(2) 必須明確工作的目的。知道自己在為了什麼而工作是非常重要的。如果是為了理想，為了展示自己實實在在的價值，為了被他人和社會需要和認可，為了沒有白活一生而工作，而不僅僅是為了一份薪水而工作，那麼就會感到快樂，感到工作總是有熱情的。

(3) 分階段給自己確定目標。人們往往只有在爬坡的時候，才會感到幹勁十足、充滿熱情。當爬上山頂的時候，反而覺得迷茫了。所以，人們需要不斷地給自己樹立新的目標，這樣工作起來才會有方向、有動力，才有助於保持高漲的工作熱情。

店鋪銷售人員要用熱情感染顧客，讓他融入到銷售工作中，還要學會把熱情傳遞給顧客，讓他在購買過程中體驗到銷售人員、整個店鋪的工作熱情和熱情。

第六節　案例分析："產品陳列是為了顧客體驗"

「自然美」是台灣頗具規模的女性保養產品連鎖門市，它自 1972 年開業，至 2011 年底，兩岸加盟店超過數千家。「自然美」一直以來都實施"產品＋廉價的保養"的體驗行銷方式。我們來看看在產品陳列方面它是如何做的。

　　走進「自然美」的店鋪，顧客可以體驗到，想要的產品一眼就能看到，不需要詢問店員自己想要什麼樣的產品。「自然美」的美容產品的品像超過數十種，款式多達數百種，每年都有多款新產品亮相。這麼多的產品，如果都是無規則地往店鋪裏堆放，店鋪就會成為倉庫，產品就會變成大拍賣的地攤貨。所以，產品陳列的生動化也必不可少，除了將產品按集中、醒目、美觀的原則陳列外，終端陳列產品的櫥櫃統一製作 POP，結合空中懸掛的佈置物和店面的形象，以求視覺形象傳播的一致性。

第七節　知識點總結

　　本章討論店鋪體驗的相關知識，以下幾個知識點需要重點掌握：

知識點一：店面形象體驗

　　店面形象是店鋪給顧客的整體感覺，它影響著顧客對店鋪的整體體驗。好的店面形象能夠吸引顧客停下腳步，吸引他們進店購買。店面形象系統主要包括以下幾方面：名稱、商標、招牌、店內 POP、產品陳列、店鋪氛圍和人員熱情等。

知識點二：櫥窗魅力體驗

　　櫥窗是店面的 "眼睛"，櫥窗設計是一種藝術的表現，是吸引顧客的重要手段。它能將店鋪最具吸引力的產品最直接地展示給顧客，在顧客受到感官刺激後，能進一步激發他們進入店鋪的興趣，從而產生購買的欲望。

知識點三：產品陳列體驗

　　產品陳列不是簡單的產品擺放，陳列是企業產品在終端的廣告，銷售的好壞，有 40% 的因素在於陳列的好壞。陳列的規則是擺放有序、主次分明、主題突出、區分功能、突出重點。視覺形象好可以有效突出品牌，可以產生較大的銷售額。需要掌握產品陳列原則、產品陳列方法、產品陳列技巧。

知識點四：店鋪氛圍體驗

店鋪銷售要努力營造一種令顧客愉悅的體驗環境，讓顧客的體驗更為熱烈，對感官的刺激更為強烈。好的氛圍不僅能夠吸引顧客，而且能夠延長顧客逗留的時間，增加銷售額。

知識點五：人員熱情體驗

熱情是影響客戶的最好方式，成功的人都是充滿熱情的人。熱情能夠傳染，當銷售員滿懷熱情地面對顧客時，顧客也會被這種熱情感染，從而對銷售人員、對產品產生好的感覺。

要做到充滿熱情，需做到以下幾點：對工作充滿熱情、對工作充滿熱情、必須明確工作的目的、分階段給自己確定目標。

第**19**章

團隊體驗策略

團隊是在共同利益的基礎上，為了相對固定的目標——團隊利益最大化，而採取相對穩定的組織關係組合起來的隊伍。

第一節　會員體驗

現在很多大型賣場、大型娛樂場所和一些專賣店採行會員制。會員制是商家利用其經營優勢為特定消費群提供服務，並藉由對消費者資訊的歸檔管理，實現鎖定顧客群的一種手段。它有效地縮短了銷售管道，降低了流通費用，使消費者能享受到物美價廉的商品和服務，並運用會員制採取特別的獎勵措施，來吸引更多的消費者消費更多的優惠產品。

一、會員形式

從收費角度來說，會員制有兩種方式：免費會員和收費會員。免費會員是只要申請就可以成為企業的會員。比如家樂福、大潤發等量飯店，顧客只要到服務台填寫一張表格，就可以拿到一張會員卡，憑此卡可以享有某些商品的折扣優惠，或是累積紅利點數。收費會員又分為多種形式，例如其中一種形式是會員需要定期向企業交納一定數額的會費，比如許 COSTCO 量飯店，消費者每年需繳交固定年費，但是可以在買場中購買到物美價廉的商品，也例如許多高爾夫球場的收費會員，也必然能夠享受到更好的服務；還有一種形式是顧客一次性或者累計購買商品達到一定數額，就可以自動成為會員，這種會員在購物時可以享受打折優惠。

　　會員還可以分為普通會員和 VIP 會員。普通會員只能享受企業推出的一般優惠措施或服務，VIP 會員則可以享受到更多優惠和更多服務，當然，VIP 會員也要付出更多，比如更多的會費，或是更高的入會門檻。

二、會員享受優惠

　　那麼，會員到底可以享受到哪些優惠呢？

(1)　**打折優惠。**這是最常見的優惠方式。不管是免費會員還是收費會員，也不管是普通會員還是 VIP 會員，一般都能享受到這一優惠。例如，台灣地區的全國加油站，消費者只要付費申辦會員卡，就可以享有加油累積紅利點數，供後續折抵加油費用或是兌換贈品的優惠。

(2)　**免費送貨。**這一優惠主要針對購買量比較大的會員或者 VIP 會員。例如博客來網路書店或一些線上購物中心，當會員購買超過一定金額，就會提供免費送貨到府的優惠。

(3)　**提供最新產品資訊。**當新品上市時，會員可以及時得到相關資訊。一般只有 VIP 會員才能享受這一服務。

(4)　**購買特定產品。**此形式在超市比較常見，對於一些特定商品（當然，價格比較便宜），規定只有會員才能購買。

(5)　**預訂服務。**如飯店、高爾夫球場、俱樂部等，會為 VIP 會員提供此些服務。

(6)　**現金抵扣。**當會員消費金額達到一定數目時，就可以享受部分現金抵扣的優惠。這在百貨公司或購物中心常見。

　　會員制的實行，一方面爲顧客帶來實惠，可以以更低的價格購買商品或享受服務，可以更方便地買到商品等等；另一方面，企業可以吸引更多的顧客，或者鎖定某些顧客，讓其經常購買產品。

第二節　俱樂部體驗

　　所謂俱樂部，就是由企業經營者出面組織，會員在自願、互助、互惠的基礎上自主參加，並有相應的權利和義務的自由協會或團體。它是企業藉由組建俱樂部吸收會員參加，並提供適合會員需要的服務，培養企業的忠誠顧客，以此獲得經營利益的行銷方式。

　　俱樂部分爲兩種形式，一種是企業以盈利爲目的而組織的團體。這些俱樂部有完備的設施，爲會員提供各種服務。比如大陸北京國際航空俱樂部，它是集合商務辦公、休閒娛樂於一體的大型綜合度假場所，擁有一流設備的娛樂中心、游泳池和網球場、豪華別墅、具有濃郁中國傳統色彩的四合院、人工湖以及五星級綜合樓、高爾夫練習場等。

　　另一種是企業爲了吸引更多的顧客而組織的會員俱樂部。顧客只要辦了信用卡就可以成爲會員俱樂部成員，會員俱樂部成員可以享受產品優惠，還可以參加俱樂部定期舉辦的活動，例如接下來案例分析中將會介紹的大陸海爾俱樂部。

　　俱樂部對於顧客的功能：

(1) 社交功能。例如以休閒活動或運動爲主要內容的俱樂部，就具有良好的社交功能。
(2) 娛樂功能。俱樂部成員的一個重要活動內容就是娛樂。
(3) 心理功能。成功的俱樂部能夠提供滿足安全、地位、社交這三種需求的作用。

(4) 力量功能：一個人一旦成為某一俱樂部的成員，感到集體力量的強大，就可能樹立更強的信心。

第三節　合作體驗

對一個團隊來說，合作是非常重要的。透過設計創造合作的體驗，可以提升成員的團隊體驗。可以為團隊設計一個共同的目標，大家齊心協力，共同完成某一項任務。個人會學習與團隊的總體目標相融共處，並且團隊成員能夠相互支援、真誠合作。在設計合作體驗上，為確保體驗的順利執行，以下幾個合作上必須注意的議題：

一、統一目標

團隊必須有一個一致的目標，團隊的所有人員都要圍繞目標的實現而努力工作，為目標的實現服務，絕不允許在目標實現過程中有偏離目標的行為。團隊中的所有戰術行動必須一致於團隊的目標，強調個體行為服從於群體團隊的目標。

當然，優秀的團隊也需要容忍個人之間的差異，並善於發揮團隊成員特長，為團隊所用。一個優秀的團隊必然是一個多種文化共同發展的團隊，一個善於整合所有資源並謀求效益最大化的團隊。

二、互相配合

要實現一致目標，團隊中的成員必須有效配合，只有團隊成員的互相配合、各展所長，目標才可能如期實現。

三、有效溝通

溝通是把資訊、觀念和想法傳遞給別人的過程，是一種理解、交換的過程。只有有效溝通，善於從對方的角度考慮問題，才能實現良好的合作。

　　如果缺少溝通，團隊內部任何細小的矛盾都可能演變成巨大的衝突，都將爲團隊帶來潛在的災難，削弱團隊的整體實力。一個優秀的團隊需要建立一個快速、高效的溝通管道，要及時發現並控制團隊內部發生的種種潛在危機。

第四節　案例分析：海爾俱樂部

　　海爾俱樂部（非營利組織），是海爾集團為滿足消費者個性化需求而建立的一個與海爾用戶共同追求生活品質、分享新資源、新科技的組織。海爾俱樂部的成立，使顧客在享受海爾家電高品質生活的同時，體味了一種前所未有的樂趣：在海爾俱樂部裏，顧客可以享受很多權益和貼切的親情服務，領略最新的家電時尚，感受海爾家電的品質。

一、俱樂部成員分類

(1) 准會員資格：已購買或現購買海爾產品的消費者，憑購貨發票，均有資格成為海爾俱樂部的准會員。

(2) 正式會員資格：一次性購買海爾產品達 1 萬元人民幣以上；累計購買海爾產品達到 1.5 萬元以上人民幣；新婚家庭憑結婚登記證明（二年內有效），一次性購買海爾產品 8,000 元人民幣以上者。

(3) 金卡會員資格：海爾集團在全國俱樂部會員中定期抽取；對海爾有特殊貢獻的社會各界朋友。

二、會員權益

(1) 准會員享有權益：俱樂部定期電話回訪或信訪。

(2) 正式會員享受權益：會員再次購買海爾產品時，只要撥打當地俱樂部服務熱線或登陸海爾網上商城（www.ehaier.com）訂購，即可享受供價優惠，部份大城市會員，還可以享受免費送貨服務；若會員登陸海爾網上商城（www.ehaier.com）或海爾俱樂部網站（myclub.haier.com），登陸前須憑會員卡號與會員卡背面的註冊密碼進行註冊；會員將定期獲得海爾俱樂部會刊；享受俱樂部異業結盟為您帶來的衣、食、住、行等方面的優惠服務；享受海爾家電保修期（保修期自購買之日起算）延長一倍，延長期內除必要零件材料費，維修費一律免費。

(3) 金卡會員享受權益：除享有一般會員權益，金卡會員對俱樂部推廣有重大貢獻者，或被評為優秀金卡會員者，可獲得免費青島海爾集團總部參觀旅遊的機會，還可參加海爾大學短期學習課程。

第五節　知識點總結

本章討論團隊體驗的相關知識。以下知識點需要重點掌握：

知識點一：會員體驗

會員制是商家利用其經營優勢為特定消費群提供服務，並藉由對消費者資訊的歸檔管理，實現鎖定顧客群的一種手段。它有效地縮短了銷售管道，降低了流通費用，使消費者能享受到物美價廉的商品和服務，並運用會員制採取特別的獎勵措施來吸引更多的消費者消費更多的優惠產品。會員制按不同的分類標準，有免費會員和收費會員、有普通會員和 VIP 會員等。不同的會員形式享受不同的優惠政策。

知識點二：俱樂部體驗

所謂俱樂部，就是由企業經營者出面組織，會員在自願、互助、互惠的基礎上自主參加，並有相應的權利和義務的自由協會或團體。它是企業藉由組建俱樂部吸收會員參加，並提供適合會員需要的服務，培養企業的忠誠顧客，以此獲得經營利益的行銷方式。俱樂部有以盈利爲目的而組織的團體，也有以加強企業與顧客之間聯繫爲目的而組織的團體。

知識點三：合作體驗

對一個團隊來說，合作是非常重要的。一個優秀的團隊一定是分工明確、精誠合作的團隊。團隊的合作要做好以下幾方面的工作：一致目標、互相配合、有效溝通。

第四篇

顧客體驗管理

第**20**章
管理顧客的體驗期望

就跟在購買商品和服務有期望值一樣，顧客的體驗也是有期望值的。顧客有什麼樣的體驗期望？哪些因素影響顧客的體驗期望？體驗表現有哪些特徵？體驗效果與哪些因素有關？本章將與你討論。

第一節　顧客的體驗期望

　　顧客體驗期望是在體驗行為發生之前產生的，是顧客對體驗企業或體驗產品的綜合條件的預期。人們藉由體驗所要獲得的滿足，往往是經過預先醞釀、精心計算的，而此一計算就會成為人們的心理預期，這便是體驗期望。

　　在體驗行為過程中，顧客知覺到的體驗與所期望的體驗之間一定會存在著距離，當客戶實際得到的體驗大於其所期望的體驗，那麼，兩者間的距離就是客戶滿意，反之，若期望大於實際，則顧客感到不滿意。當滿意時，消費者會分享此一正向的體驗經驗，並且會有再度光臨的意願；若是不滿意，由於消費者已無法放棄已經購買了的這項體驗，此時，他會調整體驗期望來謀求滿意的體驗效果，努力從現實體驗消費中捕捉不在他建立的體驗期望範圍內，但是可以為他帶來體驗樂趣的其他機會；或是，他可能對已購買的體驗產生負面的評價，開始抱怨、傳遞負面口碑等。

企業不能只滿足於達到顧客的期望，而應該努力超越顧客的期望。只有超越顧客的體驗期望，才能擁有滿意且忠誠的顧客。我們看看亞馬遜網上書店是怎樣超越顧客期望的。

微型案例　超越顧客體驗期望

有一次，一位讀者在 Amazon.com 網路書店訂購了 12 本書，並要求以最便宜也最耗時的海運方式運送。12 個禮拜後，書準時送達了他在香港的住所，他卻發現只有 11 本。於是該讀者發電郵給 Amazon.com，兩天後，那第 12 本書卻以最昂貴的快遞方式送到了他家。該讀者事後感歎說：“整個過程中他們竟然沒有質疑過我任何事情，就直接將書用快遞空運給了我。這一「毫無質疑」的體驗遠超出了我的期望。”那麼 Amazon.com 是否吃虧了？當然沒有！因為它們從此擁有了一位極度忠誠的客戶，而且，這位客戶還會把這個經歷告訴所有他認識的人，而且這個故事還被本書收錄成案例，被更多人所流傳。這就是客戶體驗超出客戶期望的價值。

第二節　體驗表現

體驗表現是由很多要素組成的，有些要素是顧客看得見或感受得到的，比如體驗過程中的設施、人員服務等等。但是，還有很多要素，顧客看不見，就如戲劇演出，很多幕後的工作，觀眾是看不到的。

體驗就跟商品一樣，分為有形和無形，比如就醫、觀看足球比賽、購買衣服等都是無形的體驗。體驗就如同舞臺演出，它需要各個環節的協調和配合，共同完成。包括企業的生產部門、銷售部門、終端銷售員、賣場設施等等。體驗表現通常是一系列計畫與設計的結果。

　　體驗表現是一個持續的過程，且包含一系列先後有序的活動。以用餐為例，其中包括顧客尋找合適的餐廳→點菜→等候上菜→廚師製作→服務人員上菜→顧客用餐等一系列步驟。其間就有顧客、服務人員以及廚師等的參與，還需要一定的設施和設備的支援。如此眾多的活動與參與個體，必須經過仔細鑑別與認真組合，才能保證顧客用餐體驗的順利完成。

　　體驗經常表現在多個層面上，一個基本的體驗活動通常是由很多附加體驗支持完成的。比如，顧客到保養廠維修汽車，他的期望不過是把汽車修理好而已，但是，在那裏等待的時間，消費者可能會享受到香濃的咖啡、茶和餅乾，而且還會有舒適的休息室可以看看書報雜誌、上網，若有需要，保養廠還會提供交通的接送或是代步車。

第三節　體驗效果的分析

　　體驗效果的分析首先應該識別那些影響顧客體驗感覺的要素。這些要素，有些較為顯而易見，比如服務人員的表現；有的可能比較隱蔽，比如餐廳牆壁的顏色。不管是顯而易見的要素還是隱蔽的要素，都可以歸為體驗的四個構成要素：產品、服務、設施和互動過程。這些我們在第一章第四節已有詳細論述。

　　體驗行銷的四個構成要素共同營造了客戶的體驗。然而，對不同的體驗互動過程而言，這四種要素對體驗效果的貢獻程度卻因產品、服務和行業性質而異。例如，在一些體驗行銷中，員工就扮演著不太重要的角色（電影院工作人員對觀眾欣賞影片的影響就很小，飯店員工對消費者的作用則很大）；對於網購業者而言，它的客戶閱覽商品目錄後網路訂購商品時，公司設施對其商業體驗的影響不大。因此，體驗效果分析應具體地考慮各構成要素的重要性的不同，而分析結果也會有所不同。

第四節　案例分析：管理客戶期望值

　　Allen 是一間位於美國華爾街的速食餐廳，具有百年以上的歷史。長期以來，Allen 食品店以推出味美價廉的食品而聞名華爾街。Allen 也特別注重效率，大大降低了客戶的用餐時間，迎合了華爾街繁忙白領人士的消費需求。這些原因使得這家百年老店一直以來都是許多華爾街人士用餐的首選之地，店裏的客人每天都絡繹不絕。

　　可是在 20 世紀 80 年代，Allen 店的生意開始直線下滑，原本很忠誠的老客戶很久都不來了，這使這個百年老店開始遇到了難題。店家老闆為了發現客戶數量下降的真正原因，找了一家管理諮詢公司進行研究。管理諮詢公司的高級分析師告訴他，應儘早做客戶期望分析，找尋客戶流失的原因，並幫助他設計了一份關於各類服務的重要性排序的期望調查表。

　　Allen 把分析師設計的期望調查表分發給店裏的顧客，同時還去尋找那些已經流失的客户，請求他們填寫這張表格。

　　幾天後，在店員的辛苦工作下，問卷全部收回了。經分析，Allen 發現在客戶的期望構成中，是否便於停車是客戶關注的一個核心問題，而 Allen 的店沒有停車位。Allen 經營的是家老店，原先一直沒有停車位。隨著經濟的發展，顧客生活水準提高了，幾乎都買了車，所以是否便於停車成為他們選擇飯店的重要因素。經調查得知，如果在 Allen 飯店吃飯，他們就必須把車停到別的收費停車場，十分麻煩，而且還要額外支付一筆費用；而在別的有停車位的飯店，客戶完全不用擔心這個問題。

　　Allen 找到了真正的原因，於是他決定到附近租一個地下停車場，由專人負責停車服務。

　　這樣，客户只需把車開到飯店門口，停車服務人員就會幫助他們把車停好，而且是免費的。藉由服務改進，Allen 店的許多老客戶又回來了。

第五節　知識點總結

　　本章討論顧客體驗期望的相關問題。下面的知識點你需要重點掌握：

知識點一：顧客的體驗期望

人們藉由體驗所要獲得的滿足，往往是經過預先醞釀、精心預算的。而這些預算就是體驗期望。顧客的體驗期望不是一成不變的，它具有可轉移性和可替代性。

知識點二：體驗表現

體驗表現是由許多要素組成的，這些要素有些能被消費者感知，有些不能被消費者感知。體驗表現是一個持續的過程，且包含一系列先後有序的活動。體驗表現經常表現在多個層面上。

知識點三：體驗效果的分析

體驗行銷的四個構成要素（產品、服務、設施、互動過程）共同營造了客戶的體驗。體驗效果的分析必須同時瞭解此四個要素的表現，但是各產業與產品，在四種要素的重要性權重會有不同。

第 21 章
管理顧客體驗 "關鍵時刻"

第一節　體驗遭遇與關鍵時刻

在飯店就餐時，可能有這樣的經歷：一塵不染的桌面、服務員優雅的服飾和彬彬有禮的服務、飯店舒適的環境，這些讓你非常滿意。當然，你也可能有過這樣的經歷：糟糕的餐飲品質、破舊的菜單、鄰桌小孩的號啕大哭，這些都讓你的心情大受影響。這些都是體驗的遭遇。

任何體驗的中心環節都是 "體驗遭遇"，也就是客戶直接接觸企業的某些方面並與之發生交互作用的活動，而它通常處於體驗行銷人員所營造的環境之中。借助媒體技術，體驗也可發生在遙遠的客戶身上，例如網上購物、遠端教育、電視購物等。

體驗遭遇的每一點都是企業經營的關鍵時刻。一個關鍵時刻，就是當顧客光顧公司任何一個部門時發生接觸的那一瞬間，顧客已經對你公司的體驗品質，甚至潛在地對產品品質也有了瞭解。這些時刻決定了顧客對企業的印象，他們可能就此決定了下次是否再次光顧這裏或者是否還要購買這種產品。

借助關鍵時刻，西南航空扭轉巨額虧損，連續 20 年盈利，成為服務經濟時代的領先者。這來自於西南航空每位員工都意識到：每一年他們與每一位乘客的每一次接觸，都是關鍵時刻，把握住它們，才能把握住客戶。如果與客戶的每一次接觸，你都表現得無與倫比，那麼，客戶就會 "粘"住你，甚至點名要你，你因此創造的利潤就會源源不斷。

一、培養關鍵主角

第一線員工往往是體驗時刻的關鍵主角。一線員工接觸顧客的 15 秒關鍵瞬間，可說是決定公司命運的「關鍵中的關鍵」。如果第一線員工藉由傳統的指揮鏈向上級請示，才能處理顧客的 "疑難雜症"，不僅會影響處理時效，更會陸續喪失忠誠的顧客。所以，放手讓他們直接回應顧客吧。

對於第一線員工，企業應該賦權讓他們有權處理個別顧客的需要和問題。例如聯邦快運曾有一個員工為了準時送達貨品而租用了一架小型飛機，公司慷慨地獎勵了他，因為他竭盡全力做好自己的工作，實現了客戶完美的 "關鍵時刻"，是其他員工的榜樣。

企業領導者或管理者應該給予第一線員工適當的指導，這樣他們才肯承擔風險，而不是一味規避麻煩。也不要只曉得在員工犯錯時懲罰他們。如果員工做得賣力，而且得到了上級的賞識，他自然會加強自尊的感覺，從而增強服務的動力。

二、"關鍵時刻" 來自細節

某一間航空公司詢問乘客在飛行旅行後的感想和結論，結果發現，假如乘客看到放在自己面前的碟子沒有洗乾淨，例如有咖啡漬，就會認為該公司也很可能忽略了飛機發動機的檢修，這樣，乘客就有可能決定不乘坐這家公司的飛機了。

其實，人們通常會在看到一些個別現象後就對公司總體形象加以概括，這就是第一印象的力量。這些個別現象影響著客戶是否購買這家公司的產品，或接受這家公司的服務。

可見，一些細節問題往往成爲影響關鍵時刻的因素。這也符合 "細節決定成敗" 這句話的意思。

第二節　關鍵時刻模型

爲了滿足實際工作者的需要，我們建立了關鍵時刻模型，列出了不同投入的影響因素，也就是關鍵時刻。如圖 21.1 所示。

🌐 **圖 21.1　關鍵時刻模型**

(1) 服務體驗背景。一切商業活動都是在一定的背景下進行的（事實上，人們的一切活動都是在一定的背景下進行的）。不同的背景適合做不同的事，比如辦公室是辦公的地方，用來吃飯聊天顯然不合適。顯然，咖啡廳是聊天的很適合的去處。

人們周圍的一切都會對事情本身及其結果產生影響。爲什麼在旅途中完全陌生的人會願意告訴你關於他自己的很多事情？這是因爲這樣一個背景：人們都是萍水相逢，也許以後永遠不會再見面。

從公司的角度來看，我們把公司中所有與客戶有關的部分都叫做服務體驗背景。在關鍵時刻模型中，服務體驗背景是在關鍵時刻發生的所有社會、身體和心理的衝撞。

(2) **行為模式**。行為模式包括顧客的行為模式和員工的行為模式。顧客和員工在關鍵時刻的思想方法、態度感受和行為模式對關鍵時刻有很大的影響。每個人的行為模式都是由很多投入組成的，包括個人的態度、價值觀、信仰、願望、感受和期望。有一些投入對客戶和員工的行為模式之影響是一樣的，這時雙方就很容易交流，而且能夠就同一個關鍵時刻達成共識。但也有一些投入雙方不同，這時，對同樣一個關鍵時刻，兩者所持的觀點很不一樣。

客戶行為模式中有可能幫助形成客戶行為模式的投入要素是：

①以前同樣的經歷（你公司或者其他公司）。
②對公司的看法。
③以前的經驗對公司期望的影響。
④消費者已有的態度、信仰、價值觀、道德標準等。
⑤親戚朋友處聽到的對公司的反映。

幫助形成員工行為模式的投入要素是：

①公司對員工的要求。
②有關員工和客戶的規章制度。
③員工感情成熟程度。
④由以往經驗而形成的態度、信仰、價值觀。
⑤提供產品和體驗的工具方法。

(3) **和諧**。關鍵時刻服務體驗背景、顧客行為模式和員工行為模式三者之間必須保持一致。三者的和諧一致才能保證關鍵時刻的順利實現。特別是顧客行為模式和員工行為模式的和諧。我們有時候會看到這樣的情況：顧客與員工之間發生爭執，雙方各執一詞，都認為自己是對的，自己有理；認爲對方是無理取鬧、不講道理。事實往往介於兩者之間。這是由於兩者不匹配的投入要素形成了不和諧的行爲模式所致。而這二者又要與服務體驗背景相協調。如果缺乏和諧，關鍵時刻就很危險了。

第三節　案例分析：聯邦快遞 "關鍵時刻" 管理

很多人平時習慣於使用其他公司的快遞，但當有重要包裹必須按時送到時，他們就寧願付高價使用聯邦快遞。這是為什麼呢？為了找到答案，我們先來看看過去的聯邦快遞。當時，聯邦快遞還不是最好的快遞公司，像所有公司一樣，它不希望出現真正的競爭者，希望有忠實的客戶願意以較高價格購買他們的服務。於是公司管理人員認識到，他們必須找到客戶的 "關鍵時刻"。他們投入了大量時間和資金來進行市場研究，並成功地找到了客戶的 "關鍵時刻"。

聯邦快遞研究清晰地顯示出，客戶在遞送貨品的時候有很多期望和要求，比如希望快遞單容易填寫；快遞人員能夠及時取貨；貨品計價準確；包裝牢固；送達地點方便取貨等等，這些都是 "關鍵時刻"。但是在所有的 "關鍵時刻" 中，其中一個 "關鍵時刻" 的重要性是其他 "關鍵時刻" 的 6 倍，那就是客戶希望能夠準時送達。這是每家公司都夢寐以求的研究結果，它將使公司集中精力搞好某一個 "關鍵時刻"，而不用顧慮太多其他的因素。在這個基礎上，聯邦快遞重新設計了它的運送程式、員工雇用和培訓、倉儲、飛機選擇、航線、步驟等等，以便將重點集中在 "準時送達" 上！

公司管理者對這個 "關鍵時刻" 的作用信心十足。聯邦快遞明白，只要它能在這一點上超過競爭對手，客戶就會心甘情願地支付較高的費用。曾有一個員工為了準時送達貨品而租用了一架小型飛機，公司慷慨地獎勵了他，因為他竭盡全力做好自己的工作，實現了客戶完美的 "關鍵時刻"，是其他員工的榜樣。

我們想像一下，假如公司管理者沒有意識到最核心的 "關鍵時刻" 是什麼，他們會對前面所說員工租用飛機送貨做出什麼反應呢？這位員工的行為很可能會被認為是超越其職責範圍的，是浪費公司金錢的一種表現，他的結果只能是被解雇。

第四節　知識點總結

本章討論顧客體驗 "關鍵時刻" 的相關知識。以下知識點需要重點掌握：

知識點一：體驗遭遇和關鍵時刻

體驗關鍵時刻，就是當顧客光顧公司任何一個部門時第一次接觸發生的那一瞬間，顧客已經對你公司的體驗品質，甚至潛在地對產品品質也有了瞭解。這些時刻決定了顧客對企業的印象，他們可能就此決定了下次是否再次光顧這裏或者是否還要購買這種產品。

知識點二：關鍵時刻模型

關鍵時刻模型是為了滿足實際工作者的需要而建立的，關鍵時刻模型包括服務體驗背景、顧客行為模式及其投入和員工行為模式及其投入，這三者之間必須保持和諧的關係才能保證關鍵時刻的順利進行。

第**22**章
致力於不斷創新

所謂創新，是指一種思想、活動、產品或勞務被人們認為是新穎事物。有些事物可能已有悠久的歷史，但對初次見到者而言，也屬創新。

通常，人們對某種事物的看法取決於它是否被視為一種創新。根據創新對原有消費模式的影響程度，它可被分成表 22.1 所示的幾種情況：

🌐 表 22.1　創新程度劃分

連續創新		動態連續創新	非連續創新
產品線擴大 (如新風格、大小、包裝)	產品的較小革新 (如新型號)	產品的較大革新 (如第一次推出彩電或黑白電視)	新技術 (如計算機的發明)

(1) **連續創新**。指創新新產品同原有產品只有細微差異，對消費模式的影響也十分有限。消費者購買新產品後，可以按原來的方式使用並滿足同樣的需求。比如，20 支裝的香煙盒被改為 30 支裝等。

(2) **非連續創新**。指引進和使用新技術的創新。它是創新的另一個極端，要求消費者必須重新學習和認識創新產品，徹底改變原有的消費模式。汽車、電腦和電視即是 20 世紀最典型的非連續創新。

(3) **動態連續創新**。指介於連續創新和非連續創新之間的狀態，它要求對原有的消費模式加以改變，但不是徹底打破。智慧型手機、微波爐的產生等就屬於動態連續創新。

有人說，今天的時代，惟一不變的就是 "變化"，這其實一點也不誇張。在眾多的企業紛紛把目光投向體驗行銷，企圖藉由 "體驗" 來抓住更多消費者目光的今天，企業始終應關注新一代消費熱點，不斷推出新的體驗盈利模式將是企業必然的選擇。

第一節　回到創新的根本上

組織的生存和成功有賴於創新。在競爭日益激烈、變化異常迅速的市場環境下，創新顯得尤為重要。只有不斷開發並提供面向客戶的新產品和新服務，才能使企業不斷走向成功。

在科學技術突飛猛進的今天，沒有勇於突破、創新的精神，企業就會步入死胡同。在強手如林的市場競爭中，企業要想始終立於不敗之地，就必須不斷創新。創新是企業立足市場的根本。

美國的蘋果電腦公司成立於 1976 年，它成立之初就非常重視創新，當時很多電腦生產廠家都把研究和生產的重點放在大型電腦上。對個人電腦，它們認為前途不大、利潤不高。

但是，蘋果電腦的創始人賈伯斯卻專注於對個人電腦的研究。當他們把這台電腦拿到俱樂部去展示時，立刻吸引了不少電腦迷。從此蘋果電腦成為電腦市場一支強大的力量。但是，20 世紀 90 年代中期，蘋果電腦公司卻瀕臨破產的邊緣。很多蘋果電腦的忠實用戶都為此感到惋惜。

還是創新精神使蘋果電腦奇跡般地度過了危機，而且迎來了第二次輝煌。20 世紀 90 年代後期，電腦公司重新回到創新的根本上。蘋果電腦公司研究設計了一系列創新性產品，其中最傑出的就是 iMac，它使消費者以無與倫比的容易和速度體驗網際網路，它多種顏色的透明機身、線條流暢的外觀，無不令人心動。不僅如此，蘋果還研發了一系列創新產品，例如可播放音樂的 iPod、各種類型的筆記型電腦，以及席捲全球市場的 iPhone、iPad。

iMac 的廣告做得就好像電腦本身一樣富於創新和激發聯想，廣告打出了 20 世紀最偉大的思想家和改革家的黑白照片，比如愛因斯坦、甘地等等。每幅照片下面都附有一句簡單的口號：不同的思維。從 iMac 電腦、iPod、iPhone 到 iPad，該公司從來不缺乏創新。

在調查過程中，《商業週刊》和波士頓諮詢服務集團的調查顯示，約有 72% 的被調查者將創新視為企業的三大首選之一。創新的涵義已經遠不只是新產品的開發，它還包括流程再造和打造新市場等諸多內容。

第二節　創新如何轉化為顧客體驗

企業創新的最終目的就是為消費者提供多樣的體驗，適應消費者對體驗的新需求。現在的問題是：企業如何將創新轉化為顧客體驗？

創新因新的解決辦法和新的體驗而提高了顧客的生活。一個公司如果能以創新進步來推動改善人們的生活，就能增加人們的生活體驗。

微型案例　交通工具與城市規模

在古羅馬，當步行為出行的主要交通方式時，城市半徑就只有 4 公里；在 19 世紀的倫敦，出行靠公共馬車和有軌馬車，城市半徑為 8 公里；到 20 世紀，當人們利用市郊鐵路、地鐵或公共汽車出行時，城市半徑就達到 25 公里；而 20 世紀末，在發達國家，當汽車即使沒有普及但至少也十分常見時，城市半徑就達到了 50 公里。可見，城市半徑隨著交通工具的速度的提高而不斷增大。當然，新產品的出現並不意味著舊的產品會消失，比如馬車，雖然現在汽車已經非常普及，但是在一些地區我們還能看到馬車，例如在台灣桃園的埔心牧場，馬車可能是作為一種娛樂與復古的體驗。

第三節　顧客體驗與創新戰略

體驗創新包括體驗產品創新、體驗線索創新、體驗情境創新、員工的服務理念和技能創新等。六福村主題樂園依據其目標顧客的需求，對它的主題樂園環境和設施不斷增加與設計，以使顧客能獲得更多的體驗；還不斷增加新的體驗產品，例如結合海綿寶寶等卡通主題，或是全新的水上樂園等，使顧客每次的體驗都不相同。

一、體驗產品創新

市場上沒有永遠暢銷的產品，任何一種產品在市場上的存在都有時間長短之分，這是由產品生命週期理論決定的。產品是為了滿足市場上消費者的需求而產生的，不同時期的消費者存在不同的消費傾向，所以對產品也就提出了不同的要求。能夠適應消費者需求的產品會在市場上存在；過時的、不能滿足消費者需求的產品，會失去在市場上存在的理由而被市場淘汰。一個企業能自覺地迎合市場的變化，開發相應的產品，企業就能夠不斷發展；否則，企業的生存就面臨威脅。不斷變化的消費者需求，決定了企業必須不斷創新產品。

二、體驗線索創新

前面第七章我們講到過正面體驗線索和負面體驗線索。如果所有的體驗線索都千篇一律，就沒有了自己的個性，所以體驗線索也需要創新。塑造與眾不同的體驗線索，給體驗者不同的體驗。

當時髦、時尚的潮流來襲的時候，台北街頭仍有許多餐廳，卻營造了一種懷舊的餐館氛圍。它們藉由老舊眷村的相片、昏暗的燈光、古樸的餐具，令人回想起過去的舊時光。又例如之前提過的例子，熱帶雨林餐廳的接待人員帶位時說 "您的冒險即將開始"，區別於 "我為您帶路"，就是一種特別的體驗線索。

三、體驗情境創新

情境是企業為顧客創建的表演舞臺，是體驗產生的外部環境。它既可以被設計成現實的場景；也可以被設計成虛擬的世界，比如虛擬社群。

四、員工的服務理念和技能創新

員工是體驗的提供者，他們的服務理念和技能在很大程度上影響著體驗的效果。陳舊的過時的服務理念和技能提供的是糟糕的體驗，企業要不斷提高員工的服務理念和技能。

微型案例　　**王品集團的員工體驗**

　　王品餐飲集團實施員工入股分紅制度，當員工變成股東，員工就不再是為老闆賣力，而是為了自己的是業而打拼。王品集團每開一家分店，店長和主廚以上的主管都能依比例認股，一家店約有 40% 的股權是提供該店的管理人員集資入股，換句話說，店內業績越好，大家就能分紅越多。此外，王品集團鼓勵員工要能修滿王品大學的206 個學分，訓練從店鋪內的訓練、教室內的訓練，以及企業外訓練，內容包括第一線的接待、基本營運到高階管理等，要當上店長，就必須要取得所有學分。

第四節　新產品開發中的顧客體驗

　　產品開發的最終目的是讓消費者接受產品，獲得體驗。因此，公司的產品創新應該把顧客體驗融入到產品的開發過程中。很多企業忽視了顧客的感受，只是按照工程師和技術人員的直覺進行產品開發。事實上，沒有人比消費者自己更瞭解自己的需求，也沒有人能比他們知道得更早。作為使用者，他們比任何一家企業的研發部門都更活躍、更具有創造力。藉由參與，顧客能夠很好地把自己的好惡表達出來。

　　今天，由於企業很難滿足顧客多變的、個性化的差別需求，顧客往往"自己動手"，以滿足其自身需要。他們的許多創意、也許並不完美的新設計、使用過程中的小小革新以及使用領域的延伸，為企業開發新產品、改進老產品提供了無窮無盡的智慧源泉。

　　在上市的新產品中，有 57% 是直接由消費者創造的；成功的日用產品中，有 60%～80% 來自於用戶的建議，或是採用了用戶使用過程中的改革。

創新與顧客體驗

帶橡皮擦頭的鉛筆據說是一位美國畫家發明的。這位畫家在作畫時，由於鉛筆和橡皮是分開的，有時找到了鉛筆卻找不到橡皮，有時找到了橡皮又找不到鉛筆，尋找費時費力。於是，這位畫家用一塊薄鐵皮將橡皮擦頭捆綁在鉛筆上，使用起來就方便多了。這項設計很快被精明的製造商所吸收。

美國杜邦公司發明尼龍後，起初僅是用於製作降落傘，在顧客的啟發下，尼龍的使用領域大大擴展，從軍用擴展到了我們生活中的許多方面。

最好的方法是讓顧客親自參與到產品的開發設計中。其實越來越多的公司已經這麼做了，而且取得了很好的效果。

為生活創新

案例一：為慶祝 Timex 公司成立 150 周年，一個工業設計網站 Cor 與鐘錶製造商 Timex 聯合舉辦了名為 "時間的未來" 的全球設計競賽。來自 72 個國家和地區的設計者們設計了 150 年後的個人可移動計時器，共有 640 多個作品。優勝者的作品現在仍能從網路上看到，並存放在 Timex 博物館裏。

案例二：一個著名咖啡店與 Domus 雜誌合作請在校生和 35 歲以下的設計者創造出新的品味咖啡的方法。設計主題為："創造一個會面、發現和邂逅的地方"。活動收到了 704 個設計方案，大約有一半來自義大利之外的國家或地區。優勝作品的理念是一個扶梯，它既是咖啡機也是藝術展區。咖啡在扶梯底部提供，在上扶梯的過程中，顧客們品著他們的咖啡並欣賞著藝術作品。在扶梯上端，人們把咖啡杯扔進回收機裏，回收機立即將杯子做成一張藝術展覽或表演的門票。

案例三：P&G 公司多年前就開始了其 Connect+Develop 專案，目的是使其新產品中至少 50% 是由非員工的 "外部專家" 完成。其 7000 名研發人員現在與上百萬個潛在發明者保持著聯繫。到目前為止效果明顯：從 OLAY 部份產品、Crest 亮白牙貼片和抗敏感特效牙膏……這些都是公司外專家的貢獻。

第五節　行銷創新的顧客體驗

在傳統的行銷觀念中，企業與受眾的地位是非對稱性的，企業的行銷要往哪個方向走或者要傳播什麼資訊，都是企業說了算，受眾只能被動接受。但在新媒體時代，行銷也被賦予了新內涵。行銷創新的目標是藉由不同尋常的溝通、特殊的公關活動及其他行銷手段以期在市場上引起反響。體驗行銷更多地關注顧客在行銷過程中的感受。

對年輕消費者來說，他們更追求時尚、追求酷，行銷策劃要專注於這方面，藉由行銷向他們傳達這樣一種理念：這種產品只是為你而設計的。adidas 的廣告從這類消費群體的體驗出發，達到了良好的效果。

第六節　細微創新的魅力

有時候，創新無須是突破性的，也無須是動用大筆資金或運用高新技術的。小創新也同樣能夠收穫厚利，創新也可以是產品或品牌的小改革或能提高體驗的新產品。

微型案例　**細微創新的魅力**

　　海爾人觀察到大陸地區許多農民使用洗衣機來清洗地瓜，卻經常出現泥沙堵塞的現象，於是就在洗衣機排水管處加上一個普通的泥沙篩檢裝置，就這樣，一種深受農民歡迎的新型洗地瓜機問世了。

第七節　案例分析：可口可樂的行銷創新

　　年輕人都愛上了網路，可口可樂也亦步亦趨。

　　某一天下午，上海的新國際展覽中心大門外，有上萬人在烈日下等待進入展館。展館裏面有讓他們期待的遊戲和偶像 SHE，而活動是由可口可樂和魔獸世界的經營業者九城網路所發起的"要爽由自己、冰火暴風城"嘉年華。類似的活動在大陸 20 多個城市舉辦，大約 3 億人參與了活動，是可口可樂與九城網路合作的一部分。

　　創新，在可口可樂已經成了頭銜。

　　可口可樂魔獸行銷的第一步，並不是廣告，而是創建 www.iCoke.cn 網路互動平臺。這使 "喝可口可樂、玩魔獸世界" 聯合行銷有了新的互動交流基地。從這時起，一些學生在網路上張貼這樣的帖子："誰喝可口可樂卻不玩魔獸，請將瓶蓋內的序列號告訴我，我的 QQ 帳號是××××××"。

　　可口可樂藉由 iCoke 網站發放了嘉年華的門票。它不僅玩足了娛樂的概念，並且還將網路與行銷結合，在最時髦的 "互動行銷" 方面越 "陷" 越深。自四月底開通 iCoke 網路平臺後，可口可樂充分利用網際網路加強可口可樂品牌與年輕人之間的溝通和聯繫,以音樂、娛樂資訊、遊戲等多元化內容,令 iCoke 中國網站人氣一路飆升,成為年輕消費者中最受歡迎的快速消費品網站之一,進一步拉近了可口可樂品牌與年輕人之間的距離。

緊接著,可口可樂推出了魔獸版包裝的產品和央視廣告。

所有的準備就緒之後,可口可樂把觸角伸到了終端,以大手筆贊助可口可樂──魔獸主題網咖:可口可樂贊助網咖裝修成為魔獸世界主題的網咖,並且免費提供一台冰箱。當然這台冰箱只能銷售可口可樂,約定"在一年的合約期內,不能做任何修改,也不能移除"。

從此可口可樂滲入網咖管道,可口可樂目前在全大陸 12,000 個網咖建立了"可口可樂主題網咖",傳播和銷售並舉,將可口可樂深入到了年輕人的生活方式中。

可口可樂用網路遊戲找到了與青少年的共鳴點。

第八節　知識點總結

本章討論體驗創新的問題。下面的知識點需要重點掌握:

知識點一:回到創新的根本上

在競爭日益激烈、變化異常迅速的市場環境下,創新顯得尤為重要。只有不斷開發並提供面向客戶的新產品和新服務,才能使企業不斷走向成功。在強手如林的市場競爭中,企業要想始終立足不敗之地,就必須不斷創新。創新是企業立足市場的根本。

知識點二:創新如何轉化為顧客體驗

企業創新的最終目的就是為消費者提供多樣的體驗,適應消費者對體驗的新需求。當創新因新的解決辦法和新的體驗而提高了顧客的生活,那麼創新就已成功轉化為顧客體驗。

知識點三：顧客體驗與創新策略

體驗創新包括體驗產品創新、體驗線索創新、體驗情境創新、員工的服務理念和技能創新等。

知識點四：新產品開發中的顧客體驗

產品開發的最終目的是讓消費者接受產品，獲得體驗。因此，公司的產品創新應該把顧客體驗融入到產品的開發過程中。

知識點五：行銷創新的顧客體驗

在傳統的行銷觀念中，企業與受眾的地位是非對稱性的，企業的行銷要往哪個方向走或者要傳播什麼資訊，都是企業說了算，受眾只能被動接受。行銷創新的目標是藉由不同尋常的溝通、特殊的公關活動及其他行銷手段以期在市場上引起反響。體驗行銷更多地關注顧客在行銷過程中的感受。

知識點六：細微創新的魅力

有時候，創新無須是突破性的、從未上市的、投入研發部無數心血的，也無須是動用大筆資金或運用高新技術的。小創新同樣可以賺取大利潤，如創新可以是產品或品牌的小改革或能提高體驗的新產品。

第**23**章
把顧客當成財務資產

企業的利潤來源是顧客，把顧客當成企業的財務資產來看待，是以顧客為中心的顧客價值管理的核心。把顧客當成財務資產，需要掌握顧客體驗和顧客價值以及兩者之間的關係。

第一節　顧客體驗與顧客價值

顧客體驗表現在品牌體驗、接觸面和創新三個方面。品牌體驗、顧客接觸面、創新是顧客價值的主要動力，並且每個實施領域典型地影響著顧客價值的一個不同組成部分：品牌體驗通常影響顧客購買；顧客接觸面影響能否留住客戶；創新是附加購買的主要動力。我們在前面涉及到了這三個方面的內容，在此做簡單的介紹。

一、顧客體驗

品牌體驗代表了顧客對體驗產品或服務的感受、對外觀和體驗溝通的感受，這些又形成了消費者對品牌吸引力的感受。因此，品牌體驗影響消費者的購買。如果品牌對消費者沒有吸引力，他們是不會購買的。藉由提高產品、外觀、體驗溝通等增加品牌體驗，能夠獲得新的顧客。

　　消費者與產品或銷售人員的接觸和互動決定其是否滿意自己與公司的關係，並且影響其是否在此購買。所以說顧客接觸面影響顧客的去留。如果給產品附加了新價值並使其接觸更容易、更方便、顧客更滿意，就有機會重複購買。

　　從創新的角度來說，不管是小的變革、大的創新還是行銷的創新，只要這些創新能夠增加消費者的體驗。

　　留住顧客、獲得顧客，向顧客銷售更多的產品或服務，這是每一個企業都需要做的事。企業的資源是有限的，所以在特定的時間裏，企業必須決定資源的分配，是集中在留住顧客、獲得顧客，還是附加購買，並且將資源相應地分配給顧客接觸面、品牌體驗和創新。

二、顧客價值

　　顧客價值是一個公司所有顧客一生中購買公司產品或服務的價值總和；也可以是描述個別消費者對於公司的價值。使用財務評估技術與資料，可以瞭解顧客價值，盡可能地獲得、留住價值較高的顧客、或是在顧客生命週期內銷售更多附加產品給顧客。這樣做需要三步：

(1)　收集關於購買率、留住率和附加購買率的顧客資料。

(2)　利用這些資料計算四個關鍵的價值：顧客期望的購買價值、留住價值、在顧客的生命中附加的購買價值及全面期望的顧客價值。

　　開發購買、回流、附加等方面的戰略並以此為公司增加顧客價值。

　　顧客體驗的不同方面（品牌體驗、接觸面和創新）與顧客價值的關係使顧客體驗增加顧客價值。公司應該自問可以藉由做什麼來提高顧客體驗，進而提高顧客價值。

第二節　顧客體驗管理

　　客戶體驗管理（CEM，Customer Experience Management）是 "策略性地管理客戶對產品或公司全面體驗的過程"，它以提高客戶整體體驗爲出發點，注重與客戶的每一次接觸，藉由協調整合售前、售中和售後等各個階段，各種客戶接觸點，或接觸管道，有目的地、無縫隙地爲客戶傳遞目標資訊，創造匹配品牌承諾的正面感覺，以實現良性互動，進而創造差異化的客戶體驗，實現客戶的忠誠，強化感知價值，從而增加企業收入與資產價值。

　　顧客體驗管理分爲五個步驟：

第一步：**分析顧客的體驗世界**。分析顧客的體驗世界，重要的是找到顧客的內心想法。要使用最有創意的調查工具以發現顧客眞正的內心想法。對與體驗相關的調查應著重強調三點：在自然的環境下做調查；使用現實的道具引發相關的顧客反應；鼓勵顧客想像不同的產品和服務。

第二步：**建立顧客體驗平臺**。體驗平臺爲分析和實施提供了策略上的聯繫，包括三種策略元素：體驗定位，用來描述品牌代表的是什麼，與傳統的行銷定位是一致的，但它以有洞察力和有用的多感官的策略內容代替了模糊的定位口號；體驗價值承諾，從顧客角度描述產品能帶來什麼，與傳統的功能描述類似，但更注重產品功能上的特點和好處，以體驗辭彙描述顧客希望從品牌中得到的特殊價值；全面實施主題，將定位和價值承諾聯繫到實際的實施當中，同時概括出實施的形式和內容。

第三步：**設計品牌體驗**。體驗平臺必須在品牌體驗中實施。品牌體驗包括：作爲顧客品牌體驗的起點，就是體驗產品的特點和產品美學；品牌體驗包括在標籤設計、包裝、貨架上吸引人的品味點；適當的體驗資訊和廣告、網站上的形象及其他行銷活動。品牌體驗除了與顧客接觸的部分之外，是很容易被模仿的，應盡量利用法律的手段保護自己的合法權益。

第四步：**建立與顧客的接觸**。實施體驗平臺的第二個層面是與顧客接觸。與顧客的接觸是動態的、互動的。顧客接觸有三種形式：面對面；人與人之間有一定距離的接觸；電子化接觸。

第五步：**致力於不斷創新**。為了使體驗平臺能為顧客服務，使用 CEM 的公司必須致力於不斷創新以提高顧客的體驗並保持競爭優勢。創新體現在各個方面：從重大發明到產品形式的小創新；接待顧客方式的改進；有創意的行銷活動和事件等。

客戶體驗管理要求全面考慮客戶購買和消費過程中的各種體驗因素，從客戶角度出發，考慮導致客戶滿意的更深層次的因素，包括如何設計才能讓客戶對企業及其品牌產生良好的感覺、感受等。客戶體驗管理藉由對購買和消費全過程中影響客戶滿意的因素進行全面分析並加以有效的控制，確保客戶在各個接觸點上獲得良好的體驗，增加客戶為企業創造的價值。

第三節　實施顧客價值管理

顧客價值管理就是企業以顧客價值為重點，藉由開展系統化的顧客研究以及優化企業組織體系和業務流程，提高顧客的滿意度和忠誠度，並以此提升企業的效率和利潤水準的一種行銷管理策略。它以顧客利益最大化為企業宗旨和首要目標，整合企業的各種資源（人、才、物、技術、資訊、管理），確保顧客價值最大化的實現。

顧客價值管理的一個重要內容是把顧客利益放在首位，使顧客受益，在讓顧客完全滿意的同時使企業受益，達到顧客與企業雙贏的經營理念。這種理念的核心是確認顧客價值就是企業的價值，確認只有顧客對企業的產品、服務、行為是完全滿意的時候，他們才會認為企業的存在是他們的價值所在，從而接納企業，希望企業成為他們不可分離的夥伴。

顧客價值管理的實現需要企業內部各部門、企業全體員工的協同努力才能實現。為此，必須建立支援體系。

(1) 樹立以顧客價值最大化為核心的企業文化理念。企業的目標是創造讓顧客滿意的價值，其一切工作歸根到底要靠全體員工來實現，他們的熱情和行為與為顧客提供的產品和服務是一種正向關係，而且他們的創造力和活力都是其精神狀態的反映。因此，為實現顧客價值管理，以顧客價值最大化為核心的戰略目標必須要變成全體員工的最高理念，深入到他們的言行中，激發企業創新能力，把一切工作都從能否增加顧客價值為標準來衡量。這種企業文化理念有別於當今的企業文化理念的地方，就是這種理念的核心與最高目標是以顧客的價值最大化為核心。

(2) 建立起符合顧客價值管理的組織系統，並且按照這一要求來具體組織企業的全部經營、開發和生產活動。這就要求調整企業各相關組織機構、部門、環節的管理制度，包括績效考核制度，形成整合和集成的團隊精神，突出管理者和員工的互動性、積極性、創造性。

(3) 建立起以顧客價值管理為目標的顧客關係管理系統。其中主要的是建立全面的顧客資料庫、顧客交往形式和組織、顧客滿意度及忠誠度的分析與評估等。

為了掌握管理顧客價值，應該建立詳實有效的顧客資料資料庫。藉由資料庫來追蹤顧客的交易情況，並利用資料庫技術開展廣泛的統計、分析和資料挖掘，可以有效地度量顧客的忠誠度。

(4) 建立起內部員工的培訓和交流系統。我們常說 "員工是企業最重要的資本"。然而，很少有人能真正理解員工價值對於企業的意義：在創新致勝的知識經濟時代，員工的忠誠奉獻已成為企業求發展的關鍵。企業的人力資源作為知識和技能的載體，已經成為創造顧客價值的最根本的因素。忠誠的員工對於企業，往往意味著更高的利潤和生產率、更加完美的品牌和社會形象以及更加穩固的顧客資源，因此意味著更大地使顧客價值得到提升。

第四節　追蹤顧客體驗

追蹤顧客體驗之目的是發掘顧客的需求、發現企業存在的問題，從而進行體驗的改進。

顧客體驗追蹤可以分為體驗前追蹤、體驗過程中追蹤和體驗後追蹤。

體驗前追蹤如同我們做市場調查一樣，在推出一個新的產品或服務之前，瞭解消費者的期望和需求。追蹤的方式可以是調查問卷、座談會、一對一的諮詢等等。體驗前追蹤的另一層涵義是，在消費者體驗之前，藉由各種方式瞭解其通常的消費習慣，並加以引導，讓其來消費自己的體驗產品。這種追蹤的內容包括：消費者通常在哪些情況下需要體驗產品、在做體驗決定前消費者一般在哪里、消費者藉由哪些方式來瞭解體驗產品、做出體驗決定的通常是哪些人等等。

體驗過程中的追蹤是非常重要的，特別是服務性企業，由於生產和消費是同時進行的，這時能夠真實地瞭解顧客體驗。比如，餐館可以觀察顧客經常點哪些菜，那些經常被點的應該是顧客普遍比較喜歡的；航空公司可以詢問顧客在乘機過程中有什麼建議和意見；酒店可以在客房設置一個留言簿，請客戶將他對酒店的看法留下來。當顧客在體驗過程中提出異議時，企業要慎重對待，這方面關係到顧客對企業的印象乃至他以後是否還會選擇你，另一方面也會影響關於產品與品牌的口碑流傳。

有些體驗產品購買和體驗不是同時進行的，比如家電、傢俱、汽車、生產設備等等，盡管在購買過程中可能也會試用，但是有些問題只有在使用過程中才能發現。這就需要企業對顧客進行追蹤，瞭解顧客的想法。具體可以藉由電話、郵件、信件、登門拜訪等方式實現。運用最多的是電話回訪，很多公司設有客服部，專門解決客戶的售後問題。企業應該重視顧客的回饋，這些回饋是企業需要改進的地方，如果無視顧客的回饋，就意味對顧客的不重視。當然，顧客也會慢慢地忘記你。

體驗後追蹤是在消費者消費過後，與消費者取得聯繫。可以是瞭解消費者的體驗感受，可以是對消費者光臨表示感謝，可以是請求消費者將他的美好體驗告訴親朋好友，也可以是偶爾的聯繫，讓消費者記著你。比如，前面提到的泰國東方飯店，在於顧客生日時，寄來一張賀卡，就是一種很好的體驗後追蹤。

追蹤顧客體驗是一個長期的、持續的過程，也是以顧客體驗為中心的顧客價值管理的體現。

第五節 案例分析：星巴克的顧客體驗管理

在大型咖啡連鎖店進入中國大陸之前就有一些相關的市場調研報告，但結果並不令人鼓舞。

中國的茶文化源遠流長，很少人敢大膽預測中國大陸會有這樣強大的市場，花費 20 多元人民幣去喝一杯咖啡。然而事實令人出乎意料，以其中的佼佼者星巴克為例，自從 1999 年進入中國大陸後，在不到八年的時間內已覆蓋中國內地 18 個主要城市，連鎖店數量已達 165 家，生意興隆、門庭若市。除了大城市中一批中產階層的大量湧現，大量來中國做生意或休閒度假的外國遊客都是星巴克的主顧。

　　究竟是什麼驅使顧客再三光顧呢？可能是產品咖啡本身？或是人？熱情、專業、喜愛咖啡的員工，或是店內環境、品牌認同等？如果我們認同創建品牌的最新定義：品牌是由客戶體驗出來，是所有客戶接觸點全部體驗的集合體。那麼咖啡連鎖店傳遞品牌價值和品牌承諾時，形成累積品牌資產的最重要客戶接觸點是什麼？當然就是咖啡店內的客戶體驗。一家咖啡連鎖店，若不是藉由廣告，要想建立品牌，其最有效的客戶接觸點當然是店內的客戶體驗。

　　下面，讓我們一起到星巴克咖啡店喝一杯咖啡，領略星巴克是如何實施顧客體驗管理的。

　　走進咖啡館，濃郁的咖啡香味撲面而來，舒適的背景音樂讓你進一步得到放鬆。除了滿足你的鼻子和耳朵，店內裝飾簡約，但有濃郁“咖啡”氛圍。一套製作咖啡用具的展示，有關咖啡的知識介紹，都在傳遞一個清晰的資訊——這是一家專業的咖啡店。當然，還有店員的熱情歡迎，儘管他們與你有一櫃檯之隔，你得到面帶真摯微笑店員的服務，因為你是新客戶，她給你一個滿意的答覆和專業推薦，你心想她可能只是個別非常優秀的員工，但是你注意到其他的店員也提供同樣的服務，用你不甚明白的咖啡用語向製作員工大聲愉悅地傳遞顧客所點品種。此情此景只傳遞了一個資訊：他們懂並鍾愛咖啡！接著問你使用信用卡還是現金付款，同時贈送限期 15 日內使用的 5 元現金券，希望你再次光顧。

　　經過 5 分鐘的等待之後（這 5 分鐘是製作咖啡的時間），你從製作咖啡的服務人員手上收到新鮮的咖啡，找到一個看起來舒適的沙發，坐下之後，感覺還不錯，伸展一下懶腰，環顧四周：這確實是一個整潔雅致的好地方。

　　品一口瓷杯裏的新鮮咖啡，你感覺咖啡的味道好極了。店員還會遞給你新品咖啡介紹，並帶給你一小杯品嘗，同時真誠地詢問你是否喜歡。你告訴他你真實的感受：如果少一些糖，多一些奶油，味道會更好。

停留 30 分鐘後，你離開了這裏。儘管你沒有回頭看，但你仍能感受到他們熱情真誠的微笑，注視著你與你道別。幾乎很少店能提供這種非機械的真摯道別。你怎麼能夠不喜歡這種體驗——一種遠遠超過一杯咖啡的體驗？

第六節　知識點總結

本章討論顧客體驗和顧客價值的相關知識。以下知識點需要重點掌握：

知識點一：顧客體驗和顧客價值

顧客體驗表現在品牌體驗、接觸面和創新三個方面。品牌體驗、顧客接觸面、創新是顧客價值的主要動力，並且每個實施領域典型地影響著顧客價值的不同組成部分：品牌體驗通常影響顧客購買；顧客接觸面影響能否留住客戶；創新是附加購買的主要動力。

知識點二：顧客體驗管理

客戶體驗管理（CEM，Customer Experience Management）是 "策略性地管理客戶對產品或公司全面體驗的過程"。顧客體驗管理的實現分爲五個步驟：第一步，分析顧客的體驗世界；第二步，建立顧客體驗平臺；第三步，設計品牌體驗；第四步，建立與顧客的接觸；第五步，致力於不斷創新。

知識點三：實施顧客價值管理

顧客價值管理就是企業以顧客價值爲重點，藉由開展系統化的顧客研究以及優化企業組織體系和業務流程，提高顧客的滿意度和忠誠度，並以此提升企業的效率和利潤水準的一種行銷管理策略。顧客價值管理的實現需要以下體系的支援：樹立以顧客價值最大化爲核心的企業文化理念、建立起符合顧客價值管理的組織系統、建立起以顧客價值管理爲目標的顧客關系管理系統、建立起內部員工的培訓和交流系統。

知識點四：追蹤顧客體驗

追蹤顧客體驗的目的是發掘顧客的需求、發現企業存在的問題，從而進行體驗的改進。顧客體驗追蹤可以分爲體驗前追蹤、體驗過程中追蹤和體驗後追蹤。